泥石流预报的原理与方法

韦方强　高克昌　江玉红　张少杰　等　著

科　学　出　版　社

北　京

内 容 简 介

本书较系统地论述了泥石流预报研究的现状和存在的问题，梳理了泥石流预报的类型和减灾需求，介绍了不同类型泥石流预报的理论基础。根据泥石流预报气象基础和现有的技术条件，建立了不同时空尺度的泥石流预报技术体系，并针对该技术体系介绍了气象数据的获取与分析。在此基础上，重点介绍了基于泥石流成因的预报方法和应用，探索了基于泥石流形成机理的预报途径和方法，并将其应用到泥石流减灾实践，取得了良好的预报效果，为泥石流预报的研究和应用探明了可行的途径和方向。

本书兼有泥石流预报理论探索和应用实践，既可以作为从事地质灾害研究的大专院校和科研单位研究人员的重要参考文献，也可以作为从事地质灾害减灾技术应用的工程技术人员的参考资料。

图书在版编目（CIP）数据

泥石流预报的原理与方法/韦方强等著. —北京：科学出版社，2015.6
ISBN 978-7-03-045043-2

Ⅰ. ①泥… Ⅱ. ①韦… Ⅲ. ①泥石流–监测预报 Ⅳ. ①P642.23

中国版本图书馆 CIP 数据核字（2015）第 132667 号

责任编辑：许 健 陈姣姣/责任校对：钟 洋
责任印制：谭宏宇/封面设计：殷 靓

科学出版社出版
北京东黄城根北街 16 号
邮政编码：100717
http://www.sciencep.com

上海叶大印务发展有限公司 印刷
科学出版社发行 各地新华书店经销
*

2015 年 6 月第 一 版 开本：720×1000 B5
2015 年 6 月第一次印刷 印张：13 1/2 插页：4
字数：272 000

定价：158.00 元
（如有印装质量问题，我社负责调换）

前　　言

泥石流作为一种自然灾害，近十多年来不断触痛人们的神经。从 1999 年委内瑞拉造成 3 万～5 万人死亡的阿维拉山区特大泥石流，到 2005 年危地马拉造成 1400 人死亡的印第安村落泥石流和 2006 年菲律宾造成 1700 人死亡的莱特省泥石流，再到 2010 年我国造成 1765 人死亡的舟曲泥石流，一次又一次地撕开泥石流给世界戳下的伤口。人类已经跨入 21 世纪，既可"九天揽月，五洋捉鳖"，也可撩开火星的面纱，更可将环球的信息通过一个个小小的 APP 玩弄于手掌之间。然而，为什么一粒粒的"泥丸"却一次又一次地击痛世界的心？"乌蒙磅礴走泥丸"是诗人的豪情，还是对自然的敬畏，我们不得而知，但我们几乎可以确认的是"泥丸"虽小，却已触动了诗人的心。为了让泥石流不再触动世界的神经，许多国家的政府、学者、工程师已投入大量的人力物力对泥石流进行研究，试图认识这种自然现象，揭示其内在的规律，预测其频繁的活动，阻拦其迅猛的运动，一次次血的教训告诉我们，我们的研究还在路上。

泥石流预报是减轻灾害的最经济最有效的途径之一，如果能对每一次的灾害进行有效的预报，甚至临灾前 10min 的预警，也许可以挽救那些被泥石流吞噬的鲜活的生命。为此，人们开始从大量的泥石流灾害事件中进行统计分析，寻找泥石流与降水间的各种联系，试图确定泥石流发生的临界条件，据此对泥石流进行预报。于是，国内外出现了大量的基于泥石流灾害事件统计分析的泥石流预报预警模型，其核心是确定引发泥石流灾害的临界降水条件。这些模型虽然具有明显的地域性，但却是具有一定操作性的预报方法，在泥石流减灾中也发挥了一定的作用。这种方法的漏报率和误报率较高，为了平衡误报率和漏报率，不得不对临界条件进行必要的修正。尽管如此，该方法预报结果的可靠性仍然处于较低水平，在泥石流减灾中发挥的作用也就受到了局限。

为了解决这一问题，提高泥石流预报的可靠性，在中国气象局和中国科学院等的支持下，我们开始探索基于泥石流成因的预报方法，将泥石流的形成归纳为能量、物质和激发条件三大成因，并将能量和物质条件归并为下垫面条件，将激发条件归并为降水条件，将泥石流的形成构建成降水作用于下垫面的水土耦合过程，从而建立预报模型，对泥石流发生的概率进行评估。在研究过程中，我们发现这种泥石流预报方法虽然考虑了降水与下垫面的双重作用，但在缺乏泥石流形成机理的支撑下，仍然无法完全摆脱统计分析的束缚。虽然这种预报方法预报结果的准确性有了显著提高，但仍然难以在泥石流减灾中发挥关键作用。究其原因，我们认为泥石流发生于大小不一的一个个流域（坡）内，而这种预报方法的预报单元为大小一致的网格单元，既不是一个流域也不是一个坡，无法对其进行理论分析，只能利用统计分析方法进行评估。同时，目前对泥石流形成机理的研究大多是对点、坡或局部沟道段尺度的力学分析，而泥石流的形成却是在流域尺度上的行为。要摆脱统计分析的束缚，必须解决这两大问题，实现基于泥石流形成机理的预报。于是，我们对这两大问题进行了重点研究，将泥石流的形成归纳成降水作用于流域内土体和流域内径流作用于失稳土体的两个水土耦合过程，并利用流域水文过程模拟将这两个水土耦合过程贯穿起来，初步探索出一条基于泥石流形成机理的预报方法。通过对这种新方法的试验和应用，发现其预报的准确性和可靠性超出了我们当初的预期，使预报的误报率大幅度下降。虽然这种方法仍处于初步的探索阶段，还需要在一定的假设条件下简化复杂的泥石流形成过程，并在分析泥石流最后的形成过程时不得不暂时将其作为一个黑箱问题进行处理，但是我们似乎已经看到了泥石流预报探索道路上的一束明光，使得探索的道路越来越清晰可见。

本书的研究和探索是集体研究的成果，参与本书研究工作的主要人员包括韦方强、高克昌、江玉红、张少杰、赵岩、熊俊楠、张京红、杨红娟、刘敦龙、张文江等。在研究过程中得到了崔鹏院士和钟敦伦研究员的指导与帮助，得到了国家气象中心、四川省气象台、浙江省气象台、福建省气象台、广东省气象台等部门和同仁的大力支持与帮助，在此一并致谢！

泥石流预报是一个世界性的难题，尚处于探索阶段，并且涉及众多学科知识，由于作者才疏学浅，书中难免存在疏漏之处，敬请读者谅解并不吝指正。

作　者
2015 年 4 月

目　　录

第一章　绪　　论

　　泥石流是山区常见的自然灾害，广泛分布于世界各地山区。我国山区面积约占国土陆地面积的 2/3，是世界上泥石流分布最广泛、危害最严重的国家之一。随着社会经济的不断发展，特别是近 20 年来山区经济的快速发展，泥石流造成的损失越来越严重。为了减轻泥石流灾害，泥石流减灾工程技术不断得到发展，成为泥石流灾害减灾的重要手段，并应用到泥石流减灾实践中。然而，面对分布广泛、数量众多的泥石流灾害，目前尚不可能对泥石流流域进行逐一治理，泥石流预报成为泥石流减灾的又一重要手段，特别是在现有的经济和技术条件下，成了避免泥石流造成重大人员伤亡的重要手段。

第一节　泥石流分布及其危害

　　泥石流是一种自然现象，当它危害到人类生命、财产和资源安全时就成为自然灾害。这种自然现象的形成受到能量、物质和水源三大条件的制约，其分布也受这三大条件的影响。能量条件是决定是否有泥石流分布的关键因素，包括总能量条件和能量转化梯度条件。对于一个小流域而言，地形相对高差反映总能量条件，地形坡度反映能量转化条件，共同决定该流域是否具备泥石流形成的能量条件，是控制泥石流分布的关键因素。物质条件是泥石流形成的物质基础，但在自然界除极端的石漠化地区外，绝大部分山区都具备泥石流活动所需的基本物质条件，只是物质的丰富程度存在较大的差异。物质条件对控制泥石流分布不像能量条件那么重要，但对泥石流的活跃程度却有着十分重要的影响。水源条件是泥石流形成的激发条件，包括降水、冰川（雪）融水、溃决洪水和泉水等。由于我国大部分地区受季风气候影响，降水丰富且集中，除少数极干旱地区外，绝大部分地区的降水均可以满足激发泥石流的需要。

一、泥石流分布

　　泥石流分布几乎遍布全球的山区，我国是全球泥石流灾害最为严重的国家之一。据统计，全国有 8 万处泥石流分布，其中严重的有 8500 处，泥石流活动区面积达 430 万 km^2（康志成等，2004）。目前作者收集到的泥石流流域近 1 万条

（图1-1），现根据这些资料对我国泥石流的分布情况作简单介绍。

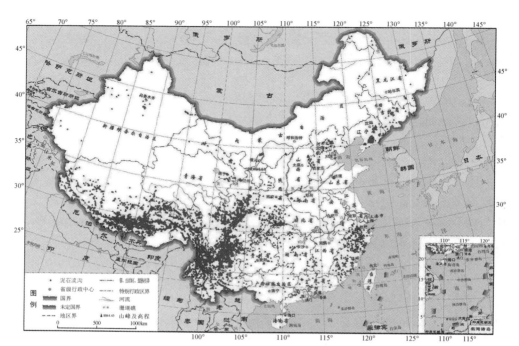

图1-1　我国泥石流分布示意图（后附彩图）

（一）在行政区的分布

泥石流分布极为广泛，我国除江苏省、上海市和澳门特别行政区外，其余各省（市、自治区）均有泥石流分布（图1-1）。但是在各行政单元的分布极不均匀，整体上是西部山区多于东部山区，西南山区多于西北山区。其中泥石流灾害分布最为集中的是四川、云南、甘肃、陕西、西藏和重庆等，约占全国泥石流总量的80%。

（二）在地貌带的分布

由于能量条件是控制泥石流形成的关键因素，泥石流在地貌带的分布具有很强的规律性。受大的地貌格局的控制，我国内陆地区泥石流的分布形成三个大的条带（图1-1）：一是青藏高原向云贵高原、四川盆地和黄土高原的过渡带，二是云贵高原、四川盆地和黄土高原向东部低山、丘陵和平原的过渡带，三是受太平洋板块俯冲作用影响形成的东部沿海山脉。这三个条带均是地形起伏变化较大的地带（图 1-2），具备泥石流发育的良好能量条件。

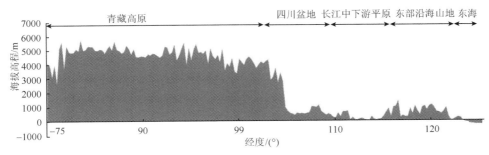

图 1-2 我国地貌的东西剖面示意图

1. 泥石流在大地貌单元过渡带集中分布

大地貌单元过渡带上往往地质构造活跃,地形高差起伏大,起伏的地形又往往造成降水增加,为泥石流的发育提供了良好的条件。我国地貌西高东低,呈阶梯状分布,由三大阶梯构成,这三大阶梯就存在两个过渡带,这两个过渡带均是泥石流发育的地带。其中,在第一阶梯向第二阶梯的过渡带上不仅具有较大的高差,同时具有较大的坡度,导致泥石流异常发育,密集分布,是我国泥石流的主要活动区;在第二阶梯向第三阶梯的过渡带上,由于地形高差变化比前一过渡带小,虽然仍是泥石流发育区,但无论是泥石流数量还是泥石流的活跃程度均比前一个过渡带要弱。我国发育许多盆地,因盆地周边山地向盆底平原或丘陵过渡的地带相对高差较大,坡度较陡,是泥石流密集发育的地区。其中最为典型的是四川盆地,盆周西部山地是我国泥石流最发育的地区之一。

2. 泥石流在河流切割强烈、相对高差大的地区集中分布

河流切割强烈的地区往往地壳隆升强烈,地质构造活跃,地形相对高差大,地势陡峻,具备泥石流发育的有利条件,泥石流往往在这些地区集中分布。我国西部地区河流切割强烈、相对高差大的地区主要有横断山地及其沿经向构造发育的西南诸河,以及雅砻江、安宁河、大渡河等河流,金沙江下游地区、岷江上游地区、嘉陵江上游、白龙江流域等。

(三)在地质构造带的分布

断裂带皆为地质构造活跃的地带,新构造运动活动强烈,地震活动频繁,地震带多与大的断裂带重合。这些地带往往岩层破碎,山坡稳定性差,河流沿断裂带切割强烈,形成陡峻的地形,为泥石流的发育提供了十分优越的条件,是泥石流分布最为密集的地带。地震活动往往诱发大规模的泥石流,在地震后较长一段时间内，泥石流活动都处于活跃期。我国泥石流密集分布的地区几乎均分布在断裂带和地震带。例如，金沙江下游的小江流域沿小江深大断裂带发育，小江深大断裂带也是云南省主要的发震性活动断裂带之一。在断裂带和地震活动的作用下，小江两岸泥石流异常发育。小江流域全长仅 138km，两岸发育的泥石流沟则多达 140 条（韦方强等，2004a），其中的蒋家沟泥石流更是为全世界之最，平均每年暴发 15 场泥石流，最多一年暴发泥石流高达 28 场（吴积善等，1990）。嘉陵江上游的白龙江流域密集分布的泥石流均处于白龙江复背斜、武都构造断裂带上。沿弧形断裂发育的大盈江是我国泥石流密集分布的又一地带，因滑坡为泥石流提供了极为丰富的物质，许多泥石流沟谷泥石流暴发频繁（张信保和刘江，1989）。通麦-然乌断裂带是迫隆藏布江段泥石流发育密集的地带，发育众多大规模的滑坡和泥石流沟，其中古乡沟、米堆沟和培龙沟等均是典型的冰川泥石流沟，对川藏公路构成了严重的危害。

（四）在气候带的分布

泥石流的分布虽然受地带性因素影响，但主要受地形、地质和降水条件的控制，因此，也表现出一定的非地带性特征。由于我国绝大部分泥石流是由强降水诱发的，一般在降水丰沛和暴雨多发的地区集中分布。例如，长江上游的攀西地区、龙门山东部、四川盆地北部和东部及湖北西部山地等都是降水丰沛的地区，年降水量一般超过 1200mm，且降水强度大，多为暴雨，皆为长江上游泥石流集中分布的地区。再如，滇西南地区受印度洋暖湿气流影响，降水异常丰沛，是云南泥石流分布最为密集的地区，其中的大盈江流域地处亚热带，为印度洋季风气候区，降水充沛，并随海拔的升高而增加，区域内多年平均降水量为 1345mm（下拉线，海拔 837m）至 2023mm（新歧，海拔 2000m）。丰沛的降水造成大盈江流域泥石流频发，大盈江主河长 168km，但发育泥石流沟 116 条（张信保和刘江，1989）。

二、泥石流危害

泥石流运动速度极快，中国科学院东川泥石流观测研究站观测到的最快速度达到 18.18m/s（康志成等，2007），且具有突发性的特点。泥石流往往挟带大量泥土和石块，甚至巨砾，加之速度极快，其冲击破坏能力巨大，中国科学院东川泥石流观测研究站观测到的泥石流最大冲击力达 500t/m^2（张军和熊刚，1997）。因此，泥石流对人类生命、财产和资源具有极大的破坏能力，其破坏方式主要为冲击破坏、侵蚀破坏和淤埋破坏。

（一）对城镇的破坏

山区城镇往往建设在河谷盆地，容易遭受泥石流危害和威胁。由于城镇人口密集，经济发达，一旦遭受泥石流危害，往往造成重大人员伤亡和财产损失。国内外山区城镇遭受泥石流毁灭的事件时有发生。例如，我国四川省南坪县（现更名为九寨沟县）县城所在地受三条泥石流沟的危害，200多年前曾被泥石流毁灭，被迫迁于现址，1984年现址又遭受泥石流袭击，造成25人死亡（唐邦兴和柳素清，1993）。在国外，1999年委内瑞拉特大泥石流灾害导致多座城市被毁，造成3万~5万人死亡（韦方强等，2000）。据不完全统计，仅新中国成立后的60多年间，我国县级以上城镇因泥石流致死的人数达5800多人（韦方强等，2002c）。据调查，目前我国受泥石流危害或威胁的县级以上城镇达140座（图1-3），主要分布在甘肃省、四川省、云南省和西藏自治区。随着我国经济的迅速发展和山区城镇化进程的加快，我国山区城镇泥石流灾害问题将更加突出。

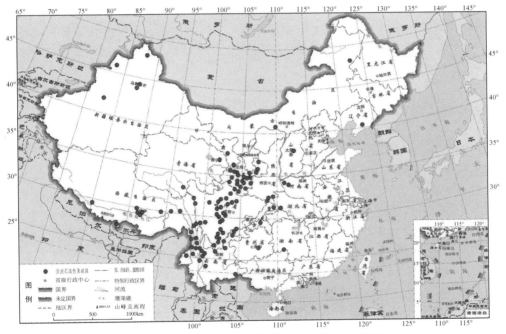

图1-3 我国受泥石流危害的城镇分布图（后附彩图）

（二）对村庄和农田的破坏

我国山区人多地少，人地矛盾极其突出，而泥石流堆积扇是山区相对平缓的土地资源，常被开发为农田，甚至被用作建设村庄，泥石流一旦发生，往往给这些村庄和农田造成毁灭性的灾害，造成严重的人员伤亡和经济损失。例如，1979 年 11 月 2 日，四川省雅安干溪沟和陆王沟暴发泥石流灾害，破坏 17 个村庄，造成 164 人死亡，冲毁农田 56hm^2（涂家政和郑尚堃，1989）。1974 年大盈江流域的梁河县滑坡和泥石流活动共造成 533hm^2 稻田被毁，占全县稻田面积的 7.1%（张信保和刘江，1989）。据不完全统计，仅四川省从 2000 年以来，每年发生灾害性滑坡和泥石流近 300 次，危害村庄 100 多个，造成大量农田被毁，复耕难度大。

（三）对铁路的破坏

大部分山区铁路都沿河谷建设，易遭受泥石流危害。我国西部山区的主要铁路干线均不同程度地受到泥石流的危害和威胁，给山区铁路运输造成了严重的危害。成昆（成都—昆明）铁路是其中受泥石流危害最为严重的铁路干线，仅四川境内段已查明的泥石流沟就多达 368 条，自 1970 年通车以来，几乎每年都会因泥石流灾害造成中断行车。泥石流曾多次冲毁或淤埋路基和车站、颠覆列车、冲毁桥梁，其中最为严重的是 1981 年 7 月 9 日利子依达沟泥石流冲毁铁路桥梁，造成列车颠覆，导致 360 人死亡，中断行车 15 天（中国科学院成都山地灾害与环境研究所，1989）。

（四）对公路的破坏

泥石流是危害山区公路的主要自然灾害类型之一。许多山区公路直接从泥石流堆积扇上通过，泥石流一旦发生，常造成公路路基冲毁或淤埋，甚至造成车毁人亡。我国西部山区绝大部分公路均不同程度地遭受泥石流危害。其中，川藏（成都—拉萨）公路是遭受泥石流危害最严重的公路干线，据调查，川藏公路全线（南线和北线）已造成灾害的泥石流沟就多达 1036 条，既有暴雨诱发的泥石流，也有冰雪融水诱发的泥石流（赵永国，1993）。川藏公路通车 60 多年来，不断发生泥石流冲毁路基和桥涵、掩埋道路和车辆等灾害事件，每年都因泥石流灾害造成交通中断，给交通运输、经济建设带来巨大危害。其中，培龙沟（冰雪融水泥石流）、米堆沟（溃决洪水泥石流）、古乡沟（冰雪融水泥石流）和加马其美沟（降水泥石流）的暴发频率最高，危害最为严重。

（五）对水电设施的破坏

山区河流蕴藏着丰富的水力资源，我国西部地区各河流干流及主要支流甚至二级和三级支流都开发建设有水利水电工程，尤以西南地区河流为甚。其中，长江三峡、金沙江下游、雅砻江、岷江上游等的水电开发最为集中，仅金沙江下游规划建设的水电梯级开发项目的总装机容量就超过两个三峡工程的装机容量。然而，这些河段也是我国泥石流灾害最为严重的地区，大多数水利水电工程都不同程度地直接或间接遭受泥石流的危害。2004 年 7 月 8 日滑坡和泥石流灾害将大盈江支流户撒河上的二级和三级电站引水坝以及厂区职工宿舍摧毁，造成重大损失。2005 年 8 月 11 日四川海螺沟暴发大规模泥石流灾害，建立在磨子沟的所有小型水电站全部被冲毁，造成严重灾害（陈晓清等，2006）。据统计，云南省共有中小型水电站 7 万多座，目前已有 4000 多座遭受滑坡和泥石流灾害影响，平均每年经济损失约 1500 万元。

第二节 泥石流减灾措施

泥石流在我国不仅分布范围广，而且危害严重，泥石流减灾任务十分艰巨。从 20 世纪 60 年代我国开展泥石流研究与防治以来，逐步总结出较为系统的泥石流减灾措施与减灾技术。主要的减灾措施包括两大类：工程减灾措施和非工程减灾措施。

一、工程减灾措施

工程减灾措施是指采用工程技术措施控制泥石流的形成和运动而达到减灾的目的，主要包括土木工程减灾措施和生物工程减灾措施。

（一）土木工程减灾措施

泥石流土木工程减灾措施投资高，但见效快，可以控制设计标准以内的泥石流灾害，在一定程度上减轻超过设计标准的泥石流灾害，从而达到减灾的目的。因此，泥石流土木工程减灾措施是城镇泥石流减灾的最重要手段。

城镇泥石流土木工程防治已有上百年的历史，甘肃的武都、四川的西昌和汉源等县早在 200 多年以前就修建排导槽或导流墙等工程，对泥石流进行了相应的防治。随着山区城镇规模、人口和经济的快速发展，以及对泥石流认识的不断深入和土木工程减灾技术的日益成熟，城镇泥石流已由在下游采取简易的排导措施，逐步发展成从上游到中游再到下游的稳、拦、排相结合的综合减灾系统（图 1-4）。

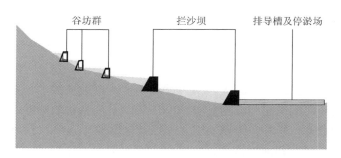

图 1-4　城镇泥石流土木工程减灾系统

"稳"即是在流域上游修建谷坊，以稳定沟床和坡脚，起到稳床固坡的作用，同时减缓上游的沟床比降，达到抑制泥石流形成的目的。谷坊一般以谷坊群的形式出现，形成一个相互保护的系统。

"拦"即是在流域中下游修建拦沙坝，拦蓄泥石流。拦沙坝是泥石流减灾工程中的控制性工程，拦沙坝一般设计成开孔坝，平时的洪水和较小颗粒的泥沙可以通过孔洞进入排导槽，一旦大规模泥石流暴发，拦沙坝拦截绝大部分粗颗粒物质，细颗粒物质可以进入排导槽，起到控制泥石流灾害的作用。

"排"即是在下游修建排导槽，排导槽起到束流排导的作用，将通过拦沙坝后不含粗大颗粒的变性泥石流排导到指定地带，起到泥石流减灾的作用。

除综合减灾措施以外，针对一些具体的保护对象，还发展了一些经济有效的工程措施。例如，为了保护铁路、公路和运输管线等线性工程，常采用渡槽或隧道等工程使泥石流从上部跨越线性工程或使线性工程从底部穿越泥石流危险区。

（二）生物工程减灾措施

生物工程减灾措施是泥石流减灾工程的辅助措施，虽不能直接控制泥石流灾害，但可以通过蓄水截流、调节洪峰削弱泥石流形成条件，并可以保持水土，减少水土流失，延长泥石流土木减灾工程的使用寿命。生物工程已成为泥石流工程减灾措施的重要手段。

生物工程减灾措施主要分为农业工程措施和林业工程措施。农业工程措施主要包括陡坡耕地退耕还林和坡改梯工程，大于 25°的陡坡地禁止耕种，全部退耕还林，以恢复地表植被；小于 25°的坡地尽量退耕还林，对于无法退耕还林的必须进行坡改梯工程改造，以减轻水土流失。林业工程措施主要包括：营造水源涵养林以蓄水截流调节洪峰；营造水流调节林以控制地表径流；营造固堤护岸防冲林以防止堤岸冲刷；种植薪炭林和经济林，解决山区生物能源问题，防止新的植被破坏（中国科学院水利部成都山地灾害与环境研究所，2000）。

二、非工程减灾措施

面对数量众多、危害严重的泥石流灾害，目前只能对具有重要保护对象且危害严重的少数泥石流沟进行工程治理，尚无法对泥石流进行全面的工程治理。因此，非工程减灾措施也是泥石流减灾的重要措施，并且是现阶段避免泥石流灾害造成重大人员伤亡和财产损失的重要手段。

（一）泥石流危险性分区与风险管理

泥石流是一种自然现象，其发育和活动均遵循一定的自然规律。根据其发育和活动的自然规律，可以对其进行危险性分区，并针对其危险性进行风险管理，在进行山区经济建设时尽量避开泥石流高风险区。泥石流危险性分区包括区域泥石流危险性分区和单沟泥石流危险性分区。

1. 区域泥石流危险性分区

区域泥石流危险性分区主要根据泥石流发育的自然环境背景条件评估不同区域泥石流发育条件，从而对不同区域泥石流发生的危险性作出评估，在宏观上指导区域内的经济建设和泥石流减灾。区域泥石流危险性分区一般以危险度区划的形式表现，目前我国泥石流活动比较严重的地区均完成了不同空间尺度的危险性分区，成为指导泥石流减灾和区域经济建设的重要依据。

2. 单沟泥石流危险性分区

单沟泥石流危险性分区是对具体泥石流沟进行危险性划分，主要依据泥石流活动规律评估流域内不同位置受泥石流危害的情况。这种危险性分区可以为泥石流减灾提供更为具体的指导，对山区土地利用、村镇、工矿企业、基础设施等的规划和建设都具有重要的指导意义。随着对泥石流运动规律研究的不断深入和计算技术的发展，单沟泥石流危险性分区已发展到根据泥石流运动数值模拟结果进行分区，该种方法不仅可以对泥石流危险性进行完全定量化的评估，还可以确定泥石流泛滥范围，在泥石流减灾中的应用范围广泛，不仅可以指导山区泥石流减灾，检验泥石流防治工程的减灾效益，还可以为泥石流活动区的财产保险提供参考（韦方强等，2003）。

（二）泥石流监测和预警报

我国泥石流灾害分布广泛，不可能进行全面的工程治理，即使进行了工程治理的泥石流沟也无法完全避免泥石流灾害，因为泥石流防治工程均有其设计标准，并且由于经济条件的限制，目前泥石流防治工程设计标准大都偏低。同时，由于我国人口众多，经济相对落后，山区人地矛盾十分突出，目前尚无法将居民点和大量的基础设施等迁出泥石流危险区。因此，泥石流监测和预警报是泥石流减灾的重要手段，也是最为经济有效的减灾手段之一，准确的泥石流监测和预警报可以避免重大人员伤亡。

1. 泥石流监测预警报

泥石流监测预警报主要有接触式警报和非接触式警报。接触式警报是泥石流接触到传感设备后发出泥石流警报，警告人们泥石流已经来了。非接触式警报主要有三种：一是摄像监测报警，因受天气和光线影响较大，使用较少；二是超声波泥位报警，超声波仪器监测到警戒泥位后发出警报；三是泥石流地声报警，泥石流地声探头监测到泥石流运动形成的特殊地声声波后发出泥石流警报。

2. 泥石流预报

因对泥石流形成机理和起动机制的研究还没有突破性进展，尚不能根据泥石流形成的理论进行泥石流预报，目前泥石流预报多是基于泥石流激发雨量的统计模型（崔鹏等，2000）。泥石流统计预报模型的预报准确率较低，易发生漏报和误报的情况。因城镇人口密集、经济发达，泥石流的漏报和误报都将产生损失，但二者造成的损失有很大的差别。为了减少泥石流误报或漏报造成的损失，出现了不同损失条件下的泥石流预报模型（韦方强等，2002b）。该模型充分考虑了泥石流漏报和误报造成损失的不同，使泥石流错报造成的总平均损失达到最小，在一定程度上弥补了泥石流预报准确率低的不足。然而，在总体上泥石流预报研究和应用均处于较低的水平，难以满足泥石流减灾的需要。本书将对泥石流预报的理论和方法进行深入的探讨，以期提高泥石流预报研究和应用水平，为泥石流减灾服务。

（三）泥石流减灾辅助决策

对于具有重要保护对象的泥石流沟，如山区城镇和重要基础设施，在进行泥石流工程防治和泥石流监测预警的同时，还应当建立减灾决策辅助支持系统，在泥石流发生时为危险区人员的撤离、避难提供指导，为临灾预案和抢险救灾方案的制订提供辅助决策支持。泥石流减灾辅助决策支持系统的研究已得到广泛关注和重视，如韦方强等（2002c）和 Wei 等（2008）研究建立了山区城镇泥石流减灾决策支持系统。该系统由基础数据库、泥石流模型分析和泥石流减灾决策应用三大模块构成，其主要功能有降水、泥石流地声和运动监测，信息实时发送和接收、泥石流预报、泥石流危险范围预测与灾情预估、泥石流警报、制订临灾预案等。其工作流程为降水监测仪将降水信息无线发送到控制中心主机，主机对降水信息处理后发送给泥石流预报模型进行泥石流预报，并利用泥石流危险性分区模型进行危险范围预测，同时进行灾情预估；泥石流地声监测仪将地声信号发送给主机，主机检测到泥石流地声后发出泥石流警报；泥石流运动监测仪将运动信息发送给主机，主机根据泥石流运动要素进行危险范围划定和灾情预估，最后制定临灾预案。Li 等（2003）研究开发了川藏公路泥石流和滑坡减灾决策支持系统。该系统将泥石流活跃性评价、边坡稳定性评价的模型、泥石流危险范围预测模型和泥石流危险性分区方法、公路整治方案优选模型和泥石流防治方案优化模型等集于一体，可以为川藏公路泥石流减灾决策提供辅助支持。由于采用了 ComGIS 技术，系统功能能够任意扩充和修改，可以扩展应用到铁路、水利工程、管道、输电线路等线性工程中。

第三节　泥石流预报的国内外研究现状

　　泥石流预报是国内外研究的一个热点问题。自 20 世纪 80 年代末起，随着联合国"国际减轻自然灾害十年（INDR）"计划的启动，包括滑坡、泥石流在内的自然灾害引起了国际社会的空前重视，许多国际和区域性自然灾害合作研究计划相继实施，极大地推动了全球范围内自然灾害预测预报研究。1995 年，在"国际减轻自然灾害十年"行动中期，联合国会员大会要求"国际减轻自然灾害十年"秘书处分析全球及各国对包括滑坡、泥石流在内的各类自然灾害的早期预警能力，提出开展相关的国际合作研究的建议与计划，进而促进、提高了全球对自然灾害的预测预报能力和研究水平。为此，"国际减轻自然灾害十年"秘书处成立了包括地质灾害在内的 6 个专家工作小组。1997 年专家工作小组提交了"国家及局部地区灾害早期预警能力评述报告"，提出了建立国家和局部地区不同层次上有效的早期预警系统的指导原则。1998 年，"国际减轻自然灾害十年"秘书处在德国波茨坦专门召开以"减轻自然灾害的早期预警系统"为主题的会员国大会。在会后的《波茨坦宣言》中强调"早期预警应该是各国和全球 21 世纪减灾战略中的关键措施之一"。1999 年，联合国会员大会决定在"国际减轻自然灾害十年"计划结束后，继续实施"国际减灾战略（ISDR）"，成立"国际减灾战略秘书处"。该秘书处随后成立了"跨国际组织的特别工作小组"。2000 年，特别工作小组在瑞士日内瓦召开第一次工作会议，决定将推动灾害早期预警为工作时间表上的首要任务，并将着重致力于协调全球的早期预警实践、促进和推广将早期预警作为减灾的主要对策之一。在此背景下，包括泥石流在内的灾害预测预报问题得到了国际社会的广泛关注。在国际学术界，早在 20 世纪 70 年代苏联学者就提出了泥石流时间预报、空间预报、规模和特征值预报等概念（弗莱施曼，1986）；日本在泥石流监测预警的基础上于 70 年代后期开展了泥石流预报研究（武居有恒，1979，1981），美国联邦地质调查局于 80 年代在加利福尼亚开始开展泥石流预报的实验研究（Cannon and Ellen，1988）。在随后的数十年间，泥石流预报研究得到了快速的发展，并逐渐应用到泥石流减灾实践中。中国泥石流预报的理论研究始于 20 世纪 90 年代，对泥石流单沟预报（陈景武，1990）、区域预报（谭万沛等，1994）和交通线路（谭炳炎，1994）开展了一系列的研究，但直至 2000 年以后才真正开始泥石流预报的应用研究，并向公众提供预报服务（刘传正，2004；郁淑华等，2005；Wei et al.，2006）。

一、泥石流空间预测预报

空间预测预报由于预报目的和预报方法的原因，侧重于对泥石流灾害分布的预测。它是通过泥石流危险性区划、泥石流灾害制图等来确定泥石流可能危害的地区和范围。

国外较早开展泥石流空间预报研究的主要包括奥地利、日本、苏联等国。奥地利的奥里茨基提出了"荒溪分类及危险区制图指数法"，根据沟道或者沟口的冲积扇的危险性质与等级划分出不同的危险区域，便于政府和居民采取必要的措施，从而达到预警预报的目的（王礼先和于志民，2001）。日本的水山高久、高桥堡、池谷浩等通过研究泥石流的流量、堆积范围、长度等建立了不同类型泥石流危险范围预测模型（姚德基和商向朝，1981）。日本政府早在 20 世纪 70 年代就进行了全国范围的泥石流危险性区划，得出日本有 62272 条泥石流沟，102 万户居民居住在泥石流危险区范围内。苏联早在 1975 年就出版了《全国范围内的泥石流危险区划图》，在危险区划分中，把苏联的泥石流分布划分为 3 个带、12 个地区、28 个省（康志成等，2004）。此外，意大利、瑞士、美国、德国等国家也都进行了类似的泥石流危险性区划研究。

我国早在 20 世纪 80 年代就开展了泥石流危险性区划的研究工作。其代表性成果有中国科学院成都山地灾害与环境研究所完成的一系列泥石流危险性区划图，包括四川与重庆泥石流分布及危险度区划图（钟敦伦等，1997）、四川省泥石流分布图（吕儒仁，1990）、中国泥石流灾害分布与危险区划图（唐邦兴等，1994）等。北京林业大学于 1992～1997 年承担了"北京山区荒溪分类与危险区制图"研究，并于 1996 年完成了北京山区山洪泥石流的空间预报（王礼先和于志民，2001）。

在沟谷泥石流危险性区划方面，中国科学院成都山地灾害与环境研究所韦方强等（2003）提出泥石流危险性动量分区法，该方法运用泥石流运动数值模拟和 GIS 相结合模拟泥石流出山口后的运动全过程，求得泥石流的堆积范围、流速和流深等要素，并将其应用于委内瑞拉首都加拉加斯 Chacaito 沟的模拟，划分出了泥石流危险区，取得了良好的效果。王裕宜等（2000）对泥石流的堆积模式进行了水槽实验研究，求得了泥石流堆积范围与形态比的堆积模式。唐川（1994）应用二维非恒定流理论，对泥石流堆积泛滥范围过程进行了数值模拟，建立了预测泥石流堆积危险范围的数学模型，通过与实际验证，符合性较好。胡凯衡等（2003）应用王光谦等发展的流团模型，模拟了泥石流在堆积扇上的扩散堆积运动，建立了泥石流危险度分区模型。

关于空间预测预报，目前国际上采用较多的研究思路是对泥石流形成的自然环境条件进行分析和综合评价，其预测的主要依据是泥石流发育的地貌、地质背景。通过泥石流空间预测预报提供了区域泥石流活跃程度的信息，它一方面为后续的预测预报提供了基础和依据，另一方面，为公众提供了自身所处环境安全性的信息，为今后防灾减灾中保护生命财产和采取相应的避灾防灾对策提供支持。

二、泥石流时间预测预报

根据泥石流预报的时效长短，泥石流的时间预测预报可以划分为中长期预报、短期预报和短临预报。由于受短临预报技术和数据处理时间短的制约，目前对泥石流短临预报的研究和应用均减少，本书只对中长期预报和短期预报的研究现状进行介绍。

（一）中长期预报

中长期预报一般通过泥石流的暴发周期进行预测预报。弗莱施曼（1986）提出早期最简单的泥石流时间预报：若$Y(i)$为该流域某一年发生泥石流的年份，$Y(i+1)$为该流域发生泥石流的下一个年份，N为历史上该流域发生泥石流的总次数。用该流域发生泥石流的相邻两次时间间隔的周期之和除以该流域发生泥石流的总次数减1来确定该流域发生泥石流的周期T。由于泥石流发生并不具有严格的周期性，结合对历史资料的分析，采用$T\pm1$作为该流域泥石流的活跃期，从而求出各流域泥石流的周期，为泥石流的中长期预报提供依据。苏联学者谢科提出了利用宏观大气环流型的演变规律与气候变化形势，进行区域滑坡泥石流活动性长期预测的观点，讨论了将环流形势叠加于泥石流危险地区图上进行背景预测的可能性（刘铁良，1993）。谭万沛研究了太阳活动世纪周期变化和11年周期变化与西藏泥石流活跃期的联系程度，认为在太阳活动世纪周期变化中的太阳黑子相对数距平积分曲线峰值附近的年代，西藏的泥石流最活跃（吕儒仁等，2001）。谭万沛等（2000）根据典型地区崩塌滑坡泥石流灾害的时序统计演变规律与降水量周期变化关系的研究，提出了灾害活跃峰值年份的周期与降水量峰值年份周期叠加组合外延的预测方法：

$$y_t = \frac{(t_1+T_1)+(t_2+T_2)}{2} \pm C \tag{1-1}$$

式中，y_t为下一次泥石流活动最强（或最弱）的年份；t_1为年（或雨季）降水量峰值（或低值）的年份；T_1 为已知降水量峰值（或低值）的周期；t_2 为泥石流活动最强（或最弱）的年份；T_2 为已知泥石流活动两峰值（或谷值）的周期；C 为正整常数。

考虑到泥石流周期的不稳定性，使其活动的最强（最弱）年份可能相差 C 年。唐川和朱静（1996）利用每年 5～10 月云南省各地的降水资料，总降水量距平等值线分布、一日最大降水量分布、日降水量≥50mm 暴雨次数分布，与斜坡稳定性分区图进行叠加分析，按叠加层次分别划出崩塌滑坡泥石流灾害发生危险性等级，并对 1991～1995 年崩塌滑坡泥石流灾害进行了预测试验，认为用这种方法进行年度预测有较好的可信性。

（二）短期预报

短期预报目前国际上有几种不同的研究思路。

1. 从泥石流起动机理的角度

泥石流发生与松散固体物质的土体性质有密切关系，因此，研究人员从土体物理化学性质入手分析泥石流起动。美国地质调查局 Iverson 等（1997）从事的研究主要从这一角度进行，通过大量室内和野外试验，研究泥石流起动的土壤颗粒级配、孔隙水压力、黏粒含量等土体内部物理性质的变化，进而通过监测这种变化预测泥石流的发生。意大利 Fiorillo 和 Wilson（2004），通过分析降水和蒸发的关系，利用 Wilson（1997）提出的 "Leaky barrel" 模型分析强降水的累计降水与土壤孔隙水压力之间的关系。识别出不同的暴雨对孔隙水压力的影响，提出了新的降水强度-持续时间泥石流起动条件。英国 Brooks 等（2004）针对新西兰森林采伐区，根据观测数据，通过模型方法研究降水-孔隙水压与泥石流滑坡灾害之间的关系，并给出了灾害发生的最大和最小的概率阈值。

国内基于泥石流起动机理的预测预报以崔鹏（1991）的研究最具代表性。其在系统分析泥石流的发生、发展和成灾特点的基础上，提出了准泥石流体的概念，分析准泥石流体转化为泥石流体的力学过程，建立了以影响准泥石流体力学性质、便于测定的底床坡度 θ、细粒含量 C 和水分饱和度 S_r 为自变量的应力状态函数，通过 100 余次模拟实验，揭示出随细粒含量的增加，准泥石流体弹性减弱，塑性增强，起动依次表现加速机理、分离机理和连接机理，建立了泥石流起动临界条件数学模型和解析曲面。并进一步分析起动模型，导出了起动势函数，建立了泥石流起动的尖点突变模型。泥石流起动时主要因素的状态值，就是泥石流预测的临界值。对给定沟谷、沟床比降和固体物质组成特征相对固定并可测定，则由准泥石流体起动的临界条件即可确定出预测水量指标。在此基础上提出了判断预测法、距离预测法和方差预测法等。本书以泥石流起动机理为基础，不受沟谷有无观测资料限制，从理论上摆脱了目前单沟泥石流预测依赖长系列资料的局限，对于单沟泥石流预测预报具有重要的意义。

尽管如此，目前基于泥石流起动机理的预报研究仍处于初期阶段，距实用阶段还有一定距离。而且这种基于机理的预测预报模型很难应用到区域水平的泥石流预测预报。

2. 从单纯降水的角度

降水是目前导致泥石流暴发的最直接的触发因素。降水泥石流的预测预报研究，主要是通过对降水量资料的统计分析，确定泥石流临界水量和触发水量。西班牙 Corominas 和 Moya（1999），通过分析东比利牛斯山 Llobregat 河附近的降水资料和泥石流发生的关系，得出：①无前期降水，短历时高强度降水触发泥石流的条件是 24h 降水 190mm 左右，或者 48h 降水超过 300mm；②有前期降水的条件下，中等强度的降水（24h 降水量达到 40mm）即可发生泥石流。Berti 和 Simoni（2005）研究了意大利阿尔卑斯山白云岩区，利用流域观测的降水强度和持续时间及其对应的水文反应之间的关系，建立了一个简单的水文模型，用以预测不同降水条件下，不同的水文反应，从而为理解泥石流的起动阈值提供物理基础。Aleotti（2004）以意大利西北部 Piedmont Region 为例，通过研究降水事件与泥石流发生之间的统计关系，确定了该区导致泥石流发生的降水阈值。德国的 Glade 等（2000）利用 Crozier 和 Eyles 提出的"前期日降水经验模型"，研究了新西兰北岛地区的典型灾害区，证实模型的结果能够代表区域特定降水条件下泥石流灾害事件的发生概率。Bell 和 Maud（2000）建立了南非 Durban 地区临界降水系数，其中考虑了前期累计降水对泥石流起动的影响。研究表明，当一次降水量超过年平均降水量的 12%时，小规模的泥石流就会发生。当超过 16%时，中等数量的泥石流事件发生，而主要的泥石流事件则与超过 20%的年平均降水时间密切相关。

在美国，早在 1997 年，内务部和地质调查局就开展了滑坡泥石流预测预报研究。根据旧金山海湾地区 1982 年 1 月 3～5 日暴雨触发的 18000 处滑坡泥石流资料，通过分析多年平均日降水强度与持续时间之间的关系，建立了 24h 和 6h 降水指数阈值等值线，用于区域滑坡泥石流预报，并已在该区域实现业务化（Wilson，1997）。

在我国，铁道部科学研究院西南分院最早利用成昆铁路甘洛预报试验区、陇海铁路拓石预报区、兰新铁路兰州预报试验区 157 沟次，黄河水利委员会天水、西峰、兰州水土保持科学实验站 195 沟次，宝成、成昆、北京市郊、湖南等地铁路沿线及地方泥石流灾害调查资料 80 沟次，总计 432 沟次的资料，提出了泥石流组合预报模式（谭炳炎和段爱英，1995）：

$$Y=R \cdot M \qquad (1-2)$$

式中，$R=k[H_{24}/H_{24}(D)+H_1/H_1(D)+H_{1/6}/H_{1/6}(D)]$；$M$ 为环境动态函数，由流域面积、

松散物质储量、坡度、植被覆盖率、不良地质发育程度、松散物质储量、沟床比降等要素所确定。

从单站的验证结果来看,该模式符合率最低可以达到62%,从各站的综合验证结果来看,符合率能达到79%。北京林业大学以王礼先教授为首的研究群体(文科军等,1998;王礼先和于志民,2001;周金星,2001)针对北京市泥石流灾害发生的特点,分别建立了泥石流临界雨量与最大1h雨强的预报模型和泥石流临界水量与10min雨强的预报模型。同时还尝试以前期15d实际水量和发生灾害当日水量为网络输入值,构建BP神经网络泥石流预报模型,并用273条荒溪的水量资料检验预报,认为判定结果符合实际。

中国科学院成都山地灾害与环境研究所从1961年起先后在云南东川蒋家沟、西藏波密古乡沟和加马其美沟、四川西昌黑沙河,甘肃省交通部门在甘肃武都火烧沟,铁道部门在四川省攀枝花三滩沟,进行了泥石流及其降水条件的观测。根据大量、长系列的观测数据,提出了蒋家沟泥石流预报模型(陈景武,1985):

$$\begin{cases} R_{10} = 5.5 - 0.098(P_a + R_t) > 0.5mm \\ R_{10} = 6.9 - 0.123(P_a + R_t) > 1.0mm \end{cases} \tag{1-3}$$

式中,R_{10} 为10min降水;R_t 为泥石流发生时刻前的当日降水;P_a 为泥石流发生前20天内的有效降水;$P_a = \sum_{t=1}^{20} R_i(K)^i$;$K$ 为递减系数,取0.8;$i=1, 2, \cdots, 20$;R_i 为泥石流发生前 i 天降水量。

式(1-3)在云南东川蒋家沟应用的结果是:预报提前时间为17~20min,预报准报率为86%,错报率为3%,漏报率为11%。

钟敦伦等(1990)通过对成昆铁路泥石流的研究,提出了泥石流的预报模型为:若碎屑物聚集总量/暴发泥石流的碎屑物质最低标准≥1,且日降水量≥50mm,则泥石流暴发,否则泥石流不暴发。

进入20世纪90年代,以谭万沛为首的研究团队承担了国家自然科学基金"山地区域性暴雨泥石流与滑坡短期预报研究"课题,以攀西地区为实验研究对象,建立了四川省攀西地区暴雨分级泥石流短期预报研究的概率模型(谭万沛等,1994):

$$\begin{cases} P_1 = P_{Kb} \times P_{bd} \\ P_2 = P_{Kb} P_{bj} + P_{Kd} P_{dj} \\ P_0 = 1 - (P_1 + P_2) \end{cases} \tag{1-4}$$

式中,P_{Kb} 是预报结果为 K 级雨量而实际出现暴雨的概率;P_{Kd} 是预报结果为 K 级雨量而实际出现大雨的概率;P_{bd} 是预报区在出现暴雨时泥石流大面积发生的概率;P_{bj} 是预报区在出现暴雨时泥石流局部地段发生的概率;P_{dj} 是预报区在出现大雨时泥石流局部地段发生的概率；P_1 是预报区泥石流大面积发生的概率；P_2 是预报区泥石流局部地段发生的概率；P_0 是预报区基本无泥石流发生的概率。K 的可能取值为 3 种：当预报日雨量为小雨到中雨时，$K=1$；当预报日雨量为大雨时，$K=2$；当预报日雨量为暴雨时，$K=3$。

上述预测预报方法有的只针对沟谷进行预测预报，有的只针对区域进行，针对这种现状，韦方强等（2004b）提出了建立区域和单沟相结合的泥石流预报模式。泥石流预报模型采用基于模糊数学的泥石流预报模型，并将该泥石流预报方法应用到北京山区泥石流预报中。

3. 从地表径流的角度

沟床堆积物再搬运形成的泥石流，一般认为是由于流域径流量超过了一定的限度所致，不同流域泥石流发生存在一个临界的径流水深界限值，于是从水文学角度、径流量角度，提出了一些泥石流预报模式。

苏联克列姆库洛夫研究了沟床地形和水深的侵蚀能力极限之间的关系，认为泥石流的发生存在一个临界径流水深（清水流量的极限值），提出了泥石流发生预报的洪水模式，不同流域水深值不同（谭万沛等，1994）。铃木雅一等根据流域洪水流量变化过程可以用水深变化间接表示的原理，研究了泥石流发生降水量与水深之间的关系，提出了用三级水深做指标，对泥石流的发生进行注意预报、警戒预报、避难预报的分级模式，不同地区因环境条件差异，水槽水深指标不同。利用该模式对六甲地区泥石流作分析，有90%的泥石流的避难预报时间可以提前1～2h（武居有恒，1981）。棚桥由彦等从理论上推导出了泥石流发生的临界积水面积预报模式，也是从地表径流量的角度考虑（谭万沛等，1994）。

4. 从天气系统和气象因子的角度

部分研究人员将泥石流预报的复杂问题转变为天气过程形势的分析和降水量的预报问题，从而可借助天气过程预报，对泥石流发生区域和时间作出预报。

张顺英（1980）根据西藏古乡沟的冰川泥石流资料，利用昌都气象站500hPa上的温度、露点观测，提出了该沟泥石流发生的温度湿度气象因子预报模式：

$$\zeta \geqslant 0.62T-5.4 \tag{1-5}$$

式中，$\zeta = \zeta_{t-1} + \zeta_{t-2}$，为 500hPa 上前一天和前两天的露点温度之和；$T = t_{t-1} + t_{t-2}$，为 500hPa 上前一天和前两天的空气温度之和。

根据 90 次资料，满足式（1-5）条件的有 43 次，其中发生泥石流 36 次，占 85%；不满足式（1-5）的有 47 次，其中发生泥石流 17 次，占 36%。苏联研究者总结了泽拉夫尚河流域泥石流洪水形成的高空天气学条件，归纳出破坏性泥石流发生日 500hPa 上的 4 种特殊环流类型，得到中亚地区冷空气侵入和高空气旋生成条件下泥石流发生危险性的判别函数（吕儒仁，1989）。久保田哲也和谷池浩（1995）考虑到泥石流发生在很大程度上取决于 1h 的雨强，同时认为在一次降水过程中，下游泥石流地区降水量与上游某些代表地区（站）降水强度有联系，并利用日本野吕川 28 年的 12 例台风灾害暴雨资料进行相关分析研究，提出了由上游两个代表站的小时雨量、涡度方程、散度方程建立了下游在滞后 2～4h 降水量重回归方程，作为下游泥石流发生预报的判据，其 3 个方程的合并形式为

$$R_i = K_1 R_I + K_2 R_S + K_3 \text{rot}_j + K_4 \text{div}_j + C \qquad (1\text{-}6)$$

式中，R_I 为下游地区（站）第 i 小时的小时降水量；R_S 为上游地区相关性好的代表站 i 小时前的平均小时水量；rot_j 为上游相关性好的代表站的涡度；div_j 为上游相关性好的代表站的散度；K_1、K_2、K_3、K_4、C 为常数，由资料分析确定（谭万沛等，1994）。

总体来看，泥石流的时间预报，尤其是短期预报，除了分析地表泥石流形成背景条件之外，与气象科学紧密结合，利用降水及其相关的其他参数是一种必然的趋势。

三、泥石流要素预报

相对于泥石流空间和时间预报来说，泥石流要素预报研究相对较少，而且主要是针对单沟进行研究。意大利 Franzi 和 Bianco（2001）通过对沟谷面积和泥石流体积的分析，建立了二者的函数关系，并用来预测泥石流体积。在瑞士，科学家和工程人员对于泥石流特征要素及其与流域特征之间的关系进行了大量的研究，并且推导出很多不同类型的函数关系，如 Zimmermann 等（1997）研究发现与泥石流冲出距离关系最密切的是流域表面积，并提出了相应的计算公式。Rickenmann（1999）研究了泥石流体积与泥石流冲出距离之间的关系，并推导了相应的数学公式。此外奥地利的 Hampel、日本的 Ikeya 和水源邦夫、国内的唐川和刘希林等也都提出过自己的泥石流规模预报模型。

计算机技术的发展，促使一部分研究人员开始考虑从泥石流运动机理的角度，建立基于数值模拟的预测预报模型。意大利的 Ambrosio 等（2002）建立了基于元胞自动机的数值模拟模型。Gregorio 等（1999）则建立了二维元胞自动机模型进行泥石流的数值模拟，进一步利用它进行预报。Fraccarollo 和 Papa（2000）利用一维圣维南方程模拟泥石流在沟道中的运动状况。我国香港的 Chau 和 Lo（2004）将 Takahashi 提出的理论模型和 GIS 相结合进行泥石流数值模拟研究，取得了良好效果。韦方强等（2003）利用泥石流运动数值模拟和 GIS 相结合的方法模拟了泥石流流出山口后的运动全过程，建立了泥石流危险性动量分区模型。目前这类利用数值模拟对泥石流要素进行预测预报的研究，在单沟泥石流要素预报，尤其是与泥石流冲击和堆积相关的要素预报中发展较为迅速，并取得了显著进展。

四、典型泥石流预报系统简介

（一）香港的山泥倾泻预警系统

香港的山泥倾泻包含浅层滑坡和坡面泥石流两种灾害类型。20 世纪 80 年代初期，香港政府土力工程处设立了覆盖全港的降水自动监测网络，此后，该监测网络又得到不断完善。目前由土力工程处管理的 86 个自动水量计和由香港天文台运作的 24 个自动水量计通过先进的数据采集和传输系统每 5min 向土力工程处传送降水数据。1984 年香港政府启动了山泥倾泻预警系统，确定小时降水量 75mm 和 24h 降水量 175mm 为山泥倾泻警报的临界降水量。香港的预报结果显示，小时降水量大于 75mm 时，平均发生山泥倾泻 35 处，实际发生山泥倾泻 5～551 处。自从预警系统启动以来，平均每年发布 3 次山泥倾泻警报，实际警报一年 1～5次。山泥倾泻警报发布通常在每年的最强降水时段。另外，即使降水量低于警报值，当 1 天发生山泥倾泻 15 处或更多时，山泥倾泻警报也会立即生效。

为了不断修正和完善山泥倾泻预警系统，1984 年以后，香港政府加大了对山泥倾泻的研究力度，除每年进行调查，出版调查报告以外，特别加强从更深层次上研究山泥倾泻-降水关系，山泥倾泻分布发育规律，降水入渗水文地质模型，以及应用概率统计和其他数学方法建立更精确的山泥倾泻-降水关系（图 1-5）。

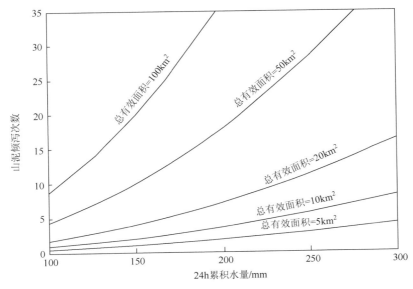

图 1-5　山泥倾斜次数与 24h 累积水量及总有效面积的关系

（二）美国加利福尼亚湾滑坡、泥石流预警系统

1982 年 1 月 3～5 日美国加利福尼亚旧金山湾地区 34h 内降雨 616mm，在 10 个县内诱发了数千处滑坡、泥石流，造成 25 人死亡，6600 万美元直接经济损失。随后，美国地质调查局立即启动了旧金山湾地区详细的滑坡、泥石流灾害调查研究项目，同时与国家气象局一起筹备建立实时的滑坡预警系统。项目组成员分成数个小组分别从现场调查、历史数据分析、理论模型等不同方面研究滑坡、泥石流的发育特征和发生规律。在查清滑坡、泥石流发育特征、分布规律的基础上，对旧金山湾地区做出了详细的滑坡、泥石流灾害敏感性分区，据此布设了覆盖全区的 45 个遥测水量计。旧金山湾滑坡实时预报系统于 1985 年正式建成。1986 年 2 月 12～21 日，旧金山湾地区降雨 800mm，根据遥测水量计实时数据和国家气象局预测的降雨变化趋势以及已有研究结果，美国地质调查局依据对实际条件的判断和国家气象局预测的未来 6h 可能降雨 50mm，连同国家气象局于 1986 年 2 月 14 日太平洋时间中午 12 点第一次发出未来 6h 泥石流、滑坡灾害警报，并直接通知加利福尼亚州地质人员和该州紧急服务办公室，做好应急准备。警报发出时，整个旧金山湾地区的前期降水量已经超过预测临界值 250～400mm，加之旧金山湾的 Lexington 地区，山坡植被曾被大火烧光，坡面裸露，因此美国地质调查局与国家气象局于 1986 年 2 月 17 日太平洋时间 2 点发出第二次灾害警报，预报 1986 年 2 月 17 日太平洋时间 2 点至 2 月 19 日太平洋时间 14 点的 60h 内 Lexington 可能发生滑坡、泥石流灾害，第二次警报与当地的山洪警报一同发出。暴雨之后，研究人员调查了 10 处已知准确发生时间的滑坡、泥石流，与预测结果进行对比，发现其中 8 处与预报时间完全吻合。其余两处滑坡发生稍早或稍晚于预报时间。从总体上看，美国对旧金山湾滑坡泥石流的实时预报是非常成功的。

1986 年的预报实践后，美国地质调查局研究人员根据实地调查结果，结合现场监测和理论分析，对预报模型又作了进一步的修正，并于 1991～1993 年暴雨期间发出 3 次建议性的警戒提示。

旧金山湾地区滑坡、泥石流的成功预报后，夏威夷州、俄勒冈州和弗基尼亚州分别于 1992 年、1997 年和 2000 年在滑坡、泥石流频发区建立了类似的预报模型，并进行了数次实时预报。

此外，美国地质调查局研究人员于 1993 年在加勒比海的波多黎各也建立了与旧金山湾类似的预报模型。目前，美国地质调查局研究人员已经或正在加勒比海其他国家，如委内瑞拉、萨尔瓦多、洪都拉斯等，建立滑坡、泥石流实时

预报系统。

尽管后来旧金山湾滑坡实时预报系统被迫中止，但旧金山湾地区的滑坡、泥石流研究工作一直继续。1997年，美国地质调查局在进一步研究成果的基础上，修正了旧金山湾模型，初步完成了旧金山湾地区泥石流起动的6h、24h临界降水量等值线图。

2000年美国地质调查局制定的未来十年"全国滑坡灾害减灾战略框架"中制定了如下计划：

（1）重新启动旧金山湾地区滑坡、泥石流实时预报系统；

（2）选择其他的滑坡灾害多发区，建立类似预报系统；

（3）加强滑坡机理和发展过程研究，进一步完善预报模型；

（4）编制更实用的四类滑坡灾害图（滑坡分布图、滑坡敏感性分区图、滑坡灾害概率图、滑坡灾害风险图），为各级决策者制定减灾对策提供更有效的服务。

（三）国家气象局和国土资源部联合发布的地质灾害预报情况

在我国，国家气象局和国土资源部于2003年4月7日签订《关于联合开展地质灾害气象预报预警工作协议》，并于当年6～9月的地质灾害高发期开始发布地质灾害气象预报预警提示信息，提醒预警区居民和有关单位防范地质灾害、注意人身和财产安全。

从技术层次来看，该预报方法根据引发地质灾害的地质环境条件和气候因素，将全国划分为七个大区、28个预警区。根据对历史时期所发生的地质灾害点与灾害发生之前15日内实际降水量及降水过程的统计分析，建立了滑坡泥石流气象预警等级判别模式图。选择1日、2日、4日、7日、10日和15日过程降水量6个指标进行统计分析，根据泥石流滑坡与降水关系的研究，制作滑坡泥石流与不同时段临界降水量关系的散点图，并根据散点集中状况，用α线、β线分割出A、B、C三个区域（图1-6）（刘传正等，2004）。

其中横轴是时间（1～15日），纵轴是相应的过程降水量（mm）。并规定α线和β线为两条滑坡泥石流发生临界水量线，α线为预报临界线（预报等级二级、三级分界线），β线为警报临界线（预报等级四级、五级分界线）。α线以下的A区为不预报区（一级、二级，可能性小、较小），α～β线的B区为滑坡泥石流预报区（三级、四级，可能性较大、大），β线以上的C区为滑坡泥石流警报区（五级，可能性很大）。预警区划图使用1∶500万～1∶600万比例尺。

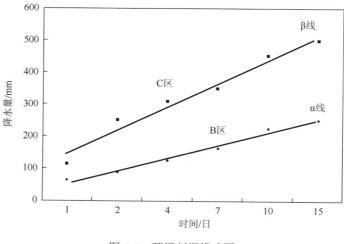

图 1-6　预报判据模式图

五、国内外主要的研究机构

为了了解国内外开展泥石流预测预报研究的研究机构和总的研究趋势，我们对 1991～2008 年 *Web of Science* 收录的相关研究论文进行了检索和分析，研究论文年度数量变化如图 1-7 所示。

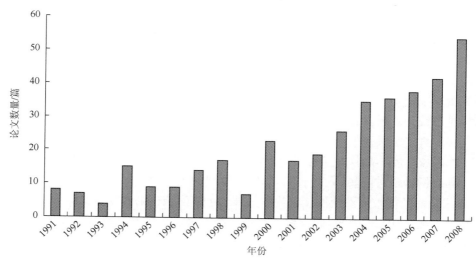

图 1-7　泥石流预测预报核心期刊论文年度数量变化

1991～2008 年共发表关于与泥石流预测预报相关的论文 382 篇，从总体来看，论文数量基本呈逐年上升趋势，2008 年最多，达 54 篇。其中，2000～2008 年的论文数量累计 292 篇，占 1991～2008 年论文总量的 76%，可以说 2000 年开始出现研究热潮。泥石流预测研究目前已围绕"地质与大气科学"形成一个多学科、多主题的大集群，此集群中包括 27 个学科主题，并形成了三个独立且具有一定相关强度的学科主题集群，呈现了泥石流预测预报研究的跨学科、高综合性，同时也显现出这些学科主题之间的较强关联强度，在一定程度上也说明了泥石流预测预报研究目前已达到一个核心研究学科主题水平。

从发表论文的所属国别来看，一共涉及 58 个国家，其中美国、意大利、英国、中国、加拿大、法国、日本、瑞士和西班牙发表的论文最多，合计占总量的 73%。从发表论文的研究机构来看，主要集中在来自 6 个国家的 15 个研究机构（表 1-1）。

表 1-1　从事泥石流预测预报研究的主要研究机构

序号	机构
1	美国地质调查局（US Geological Survey）
2	意大利国家研究委员会（CNR）
3	加州大学伯克利分校（University of California Berkeley）
4	华盛顿大学（University of Washington）
5	英国不列颠哥伦比亚大学（University of British Columbia）
6	美国地球系统研究所（Earth System Institute）
7	日本京都大学（Kyoto University）
8	意大利帕多瓦大学（University of Padua）
9	中国科学院（Chinese Academy of Sciences）
10	意大利波罗尼亚大学（University of Bologna）
11	英国布里斯托尔大学（University of Bristol）
12	美国国家航空航天局（NASA）
13	中国台湾中兴大学（National Chung Hsing University）
14	加州大学圣芭芭拉分校（University of California Santa Barbara）
15	荷兰乌特列支大学（University of Utrecht）

第四节　主要研究内容与研究方法

泥石流预报已成为泥石流减灾的重要手段之一，无论是理论研究还是技术应用，近年来均取得了一定的进展。但是，泥石流预报在整体上还处于初级阶段，尚未建立完整的理论体系和成熟的技术方法，泥石流预报的时空分辨率和预报结果的准确度都还处于较低的水平，亟待通过深入、系统的研究，建立和完善泥石流预报的基础理论，研发系统的泥石流预报方法和技术体系，提高泥石流预报的时空分辨率和准确率。

泥石流是一种十分复杂的自然现象，是地球内营力和外营力共同作用的结果，其发育和形成不仅受复杂的下垫面因素的影响，还受大气环流和气候条件的影响，所以泥石流预报研究涉及多方面的问题，既要研究泥石流发育的下垫面环境，又要研究气候和天气变化，同时还需要数值天气预报、多普勒天气雷达、计算机、GIS、RS 和通信等现代技术的支持。泥石流预报研究的主要内容包括以下几个方面。

（一）泥石流及其预报分类

首先对泥石流的分类进行研究，确定泥石流分类方法和分类体系，根据泥石流预报的减灾实践需要确定满足泥石流预报需要的泥石流分类方法。其次对泥石流预报进行分类研究，确定泥石流预报的分类方法，建立泥石流预报的分类体系。最后根据我国的主要泥石流类型和泥石流预报体系，确定现阶段我国泥石流预报的需求。

（二）泥石流预报的理论基础

泥石流预报离不开基础理论的支持，针对不同的泥石流预报方法，研究相应的理论基础，主要包括以下几个方面：

（1）泥石流形成机理——基于泥石流形成机理的机理预报方法；

（2）泥石流成因——基于泥石流成因的成因预报方法；

（3）泥石流与各要素间的关系——基于统计学原理的统计预报方法。

（三）泥石流预报的气象基础及其技术体系

降水泥石流主要由强降水激发，冰雪融水泥石流和溃决洪水泥石流主要受气温条件控制，其他类型的溃决型泥石流也与降水有着密切的联系。泥石流发育的下垫面环境条件在一定时间段内是相对稳定的，而降水和气温等气象条件却是时刻在变化的，是影响泥石流的因素中最具动态性的因素。因此，气象基础和相关技术是泥石流预报研究的又一基础，主要包括如下几个方面。

1. 激发泥石流形成的气象条件

激发泥石流形成的气象条件主要包括降水条件和气温条件。降水条件包括降水量（年降水量、月降水量、日降水量等）、降水强度（小时降水强度、30min 降水强度、10min 降水强度等）、降水过程、降水的时间分布（降水的年内分布、年际分布等）、降水的空间分布。气温条件主要包括年平均气温、夏季平均气温、夏季最高/最低气温、月平均气温、月最高/最低气温、旬平均气温、旬最高/最低气温、日平均气温、日最高/最低气温、气温的时间分布特征、气温的空间分布特征等。

2. 数值天气预报方法

数值天气预报方法是目前进行天气预报的最重要方法之一，也是为泥石流短期预报提供降水预报产品的最重要手段。然而，由于泥石流预报对气象条件预报的时空分辨率均较高，目前较为成熟的数值天气预报模式提供的预报产品尚无法直接应用于泥石流预报，需要对数值天气预报模式进行改进和提高，使其可以提供更为精细化的天气预报产品，满足泥石流预报的需要。

3. 多普勒天气雷达

多普勒天气雷达是天气过程监测和短临天气预报的重要手段之一，是为短临泥石流预报提供降水预报的最重要的手段。目前对利用多普勒天气雷达反演降水研究较多，但对利用多普勒天气雷达进行外推降水研究相对薄弱，尚未达到可以直接为泥石流预报提供短临降水预报产品的水平，需要加强这方面的研究，以满足泥石流短临预报对更为精细化降水预报产品的需求。

4. 降水的实时监测与信息传输

降水的实时监测为泥石流预报提供准确的已发生的降水数据支持。中国气象局和中国水文局在全国布设了大量的气象监测站，近年来中国气象局又建设了一大批自动气象站，为泥石流预报提供了大量的降水实时监测和信息传输设施。然而，这些降水实时监测与信息传输尚不能完全满足泥石流预报的需求。气象站点的密度仍然不够，特别是在泥石流多发的中高山区气象站点布设尤为稀疏，难以提供高密度的降水监测数据。更为重要的是这些站点多布设在河谷区，缺乏对不同海拔区的降水监测，而中高山区降水的垂直地带性强，降水在不同海拔带上的差异很大。现有的气象站点分布很难真实反映降水的实际分布。另外，气象站点监测到的降水数据是点上的降水数据，如何将监测站点的降水数据内插分析成面上的降水数据也需要进行深入的研究，目前的内插分析方法均未考虑海拔变化和地貌形态对降水分布的影响，内插分析结果的准确性还有待进一步提高。

（四）区域泥石流预报模型和方法

根据泥石流预报的形成机理、成因和相关统计分析，研究建立区域泥石流预报的基本模型，并研究区域泥石流预报实现的基本方法。区域泥石流预报模型是区域预报的核心，是决定泥石流预报准确率的关键因素。

（五）单沟泥石流预报的模型和方法

根据泥石流预报的形成机理、成因和相关统计分析，研究建立单沟泥石流预报的基本模型，并研究单沟泥石流预报实现的基本方法。单沟泥石流预报模型是单沟预报的核心，是决定泥石流预报准确率的关键因素。

（六）泥石流运动数值模拟和要素预报方法

重点研究泥石流运动数值模拟方法，利用数值模拟方法获取泥石流流速和流深等重要运动参数，从而对泥石流泛滥范围、流速分布和流深分布等进行预测预报，并以此为依据，进行泥石流危险性分区，作出泥石流危险范围和危险程度的预报。

（七）西南地区泥石流预报系统的开发与应用

利用计算机技术和 GIS 技术，研究不同时空尺度的泥石流预报体系，并以我国泥石流危害最为严重的西南地区为例，研究开发多级泥石流预报应用系统，满足不同层次的泥石流减灾需求。将研究开发的泥石流预报应用系统，分别应用于不同级别的行政区，并对应用结果进行分析和研究。

（八）泥石流预报与减灾决策

研究建立泥石流预报在泥石流减灾决策中的应用，研究开发以泥石流预报结果为基础的泥石流减灾决策方法，并以山区城镇为例，研发山区城镇泥石流减灾辅助决策支持系统，主要包括以下几个方面。

1. 灾害预报

灾害预报是根据泥石流预报应用系统和降水监测、预报产品对在未来某段时间内某区域或某泥石流流域是否发生泥石流灾害作出预报。

2. 灾害预估

灾害预估是根据泥石流灾害预报结果和降水监测、预报情况，预测将发生的泥石流灾害的规模，并结合泥石流危害范围的社会经济分布情况，对即将发生的泥石流灾害可能造成的损失进行评估。

3. 临灾预案

临灾预案是根据灾害预估结果，依据现有的抢险救灾能力和手段制定灾前的人员撤离避险方案和灾后的抢险救灾方案。

4. 灾害警报

灾害警报是根据监测设备和监测人员的监测情况，判断泥石流在源区已经形成，并向泥石流危险区内的群众发出泥石流灾害警报，提醒并强制泥石流危险区内的人员紧急撤离。

5. 救灾方案

救灾方案是在灾害发生后，根据泥石流泛滥范围和破坏情况，迅速制定更具有针对性的抢险救灾方案，尽力避免进一步的人员伤亡和财产损失。

参 考 文 献

陈景武. 1985. 云南东川蒋家沟泥石流暴发与暴雨关系的初步分析//中国科学院兰州冰川冻土研究所. 中国科学院兰州冰川冻土研究所集刊（中国泥石流研究专集），第 4 号. 北京：科学出版社：88-96.

陈景武. 1990. 蒋家沟暴雨泥石流预报//吴积善，康志成，田连权等. 云南蒋家沟泥石流观测研究. 北京：科学出版社：197-213.

陈晓清，崔鹏，陈斌如等. 2006. 海螺沟 050811 特大泥石流灾害及减灾对策. 水土保持通报，26（3）：122-126.

崔鹏. 1991. 泥石流起动条件及机理的实验研究. 科学通报，（21）：1650-1652.

崔鹏，刘世建，谭万沛. 2000. 中国泥石流监测预报研究现状与展望. 自然灾害学报，9（2）：10-15.

弗莱施曼 C M. 1986. 泥石流. 北京：科学出版社.

胡凯衡，韦方强，何易平等. 2003. 流团模型在泥石流危险度分区中的应用. 山地学报，21（6）：726-730.

久保田哲也，池谷浩. 1995. 土石流生基准雨量に対すゐ Neural Network の応用について. 新砂防，47（6）：8-14.

康志成，崔鹏，韦方强等. 2007. 中国科学院东川泥石流观测研究站观测实验资料集（1995-2000）. 北京：科学出版社.

康志成，李焯芬，马蔼乃等. 2004. 中国泥石流研究. 北京：科学出版社.

刘传正. 2004. 中国地质灾害气象预警方法与应用. 岩土工程界，7（7）：17-18.

刘传正，温铭生，唐灿. 2004. 中国地质灾害气象预警初步研究. 地质通报，23（4）：303-309.

刘铁良. 1993. 时间序列分析在苏联滑坡活跃期预报中的应用//滑坡文集编委会. 滑坡文集（第 10 集）. 北京：中国铁道出版社.

吕儒仁. 1989. 泽拉夫尚河流域泥石流现象的航空天气学形成条件及预报. 国外地理文摘，（4）.

吕儒仁. 1990. 四川省泥石流分布图（1：250 万）及说明//中国科学院成都山地灾害与环境研究所. 四川省国土资源地图集. 成都：成都地图出版社：111-112.

吕儒仁，李德基，谭万沛等. 2001. 山地灾害与山地环境. 成都：四川大学出版社.

谭炳炎. 1994. 山区铁路沿线暴雨泥石流预报的研究. 中国铁道科学，15（4）：67-78.

谭炳炎，段爱英. 1995. 山区铁路沿线报与泥石流预报的研究. 自然灾害学报，4（2）：43-52.

谭万沛，罗晓梅，王成华. 2000. 暴雨泥石流预报程式. 自然灾害学报，9（3）：106-111.

谭万沛，王成华，姚令侃等. 1994. 暴雨泥石流区域预测与预报. 成都：四川科学技术出版社.

唐邦兴，柳素清. 1993. 四川省阿坝藏族羌族自治州泥石流及其防治研究. 成都：成都科技大学出版社.

唐邦兴，柳素清，刘世建等. 1991. 1：600 万中国泥石流灾害分布及其危险区划图及说明书. 成都：成都地图出版社.

唐川. 1994. 泥石流堆积泛滥过程的数值模拟及其危险范围预测模型的研究. 水土保持学报，（1）：45-50.

唐川，朱静. 1996. 云南省泥石流地面活动程度分区研究. 水土保持学报，2（4）：18-25.

涂家政，郑尚堃. 1989. 陆王沟干溪沟泥石流的治理. 四川建筑，（4）：45-47.

王礼先，于志民. 2001. 山洪及泥石流灾害预报. 北京：中国林业出版社.

王裕宜，邹仁元，严璧玉等. 2000. 泥石流堆积模式的试验研究. 自然灾害学报，9（2）：81-86.

韦方强，胡凯衡，崔鹏. 2002a. 山区城镇泥石流减灾决策支持系统. 自然灾害学报，11（2）：31-36.

韦方强，胡凯衡，崔鹏等. 2002b. 不同损失条件下的泥石流预报模型. 山地学报，20（1）：97-102.

韦方强，谢洪，钟敦伦等. 2002c. 西部山区城镇建设中的泥石流问题与减灾对策. 中国地质灾害与防治学报，13（4）：23-28.

韦方强，胡凯衡，Lopez J L 等. 2003. 泥石流危险性动量分区方法与应用. 科学通报，48（3）：298-301.

韦方强，胡凯衡，Lopez J L. 2007. 泥石流危险性分区及其在泥石流减灾中的应用. 中国地质灾害防治学报，18（3）：22-27.

韦方强，刘淑珍，范建容等. 2004a. 小江流域生态环境灾害与治理对策. 自然灾害学报，13（4）：109-114.

韦方强，汤家法，谢洪等. 2004b. 区域和沟谷相结合的泥石流预报及其应用. 山地学报，22（3）：321-325.

韦方强，谢洪，Lopez J L 等. 2000. 委内瑞拉 1999 年特大泥石流灾害. 山地学报，18（6）：580-582.

文科军，王礼先，谢宝元等. 1998. 暴雨泥石流实时预报的研究. 北京林业大学学报，20（6）：59-64.

吴积善，康志成，田连权等. 1990. 云南蒋家沟泥石流观测研究. 北京：科学出版社.

武居有恒. 1979. 土石流灾害に関する研究の现状. 新砂防，31（4）：46-52.

武居有恒. 1981. 地すべり. 崩壊. 土石流-预测と对策. 东京都：鹿岛出版会.

姚德基，商向朝. 1981. 七十年代的国外泥石流研究//第一届全国泥石流学术会议. 泥石流论文集（1）. 重庆：科学技术文献出版社重庆分社：142-148.

郁淑华，徐会明，何光碧等. 2005. 基于 η 数值预报模式的四川盆地泥石流滑坡预报系统. 气象，31（6）：47-50.

张军，熊刚. 1997. 云南蒋家沟泥石流运动观测资料. 北京：科学出版社.

张顺英. 1980. 西藏古乡沟泥石流暴发的气象条件及预报的可能性. 冰川冻土，2（2）：41-47.

张信保，刘江. 1989. 云南大盈江泥石流. 成都：成都地图出版社.

赵永国. 1993. 川藏公路泥石流灾害及其整治对策. 水土保持学报，7（1）：69-74.

中国科学院成都山地灾害与环境研究所. 1989. 泥石流研究与防治. 成都：四川科学技术出版社.

中国科学院水利部成都山地灾害与环境研究所. 2000. 中国泥石流. 北京：商务印书馆.

钟敦伦，谢洪，王爱英. 1990. 四川境内成昆铁路泥石流预测预报参数. 山地研究，8（2）：82-88.

钟敦伦，谢洪，韦方强等. 1997. 1：100 万四川与重庆泥石流分布及危险度区划图（说明书）. 成都：成都地图出版社.

周金星. 2001. 山洪及泥石流灾害空间预报技术研究. 水土保持学报，15（2）：112-116.

Aleotti P. 2004. A warning system for rainfall-induced shallow failures. Engineering Geology，73（3-4）：247-265.

Ambrosio D，Gregorio S，Iovine G，et al. 2002. Simulating the Curti-Samo debris flow through cellular automata：the model SCIDDICA（release S2）. Physics and Chemistry of the Earth，Parts A/B/C，27（36）：1577-1585.

Bell F G，Maud R R. 2000. Landslides associated with the colluvial soils overlying the Natal Group in the greater Durban region of Natal，South Africa. Environmental Geology，39（9）：1029-1038.

Berti M，Simoni A. 2005. Experimental evidences and numerical modeling of debris flow initiated by channel runoff. Landslides，2（3）：171-182.

Brooks S M，Crozier M J，Glade T W. 2004. Towards establishing climatic thresholds for slope instability：Use of a physically-based combined soil hydrology-slope stability model. Pure and Applied Geophysics，161（4）：881-905.

Cannon S H，Ellen S D. 1988. Rainfall that resulted in abundant debris-flow activity during the storm. Landslides，floods and marine effects of the storm of January 3-5, 1982//Ellen S E, Wieczored G F. The San Francisco Bay Region, California. U.S. Geological Survey Professional Paper, 1434: 27-33.

Chau K T, Lo K H. 2004. Harzard assessment of debris flows for Leung King Estate of Hong Kong by incorporating GIS with numerical simulations. Natural hazards and Earth System Sciences, 4 (1): 103-116.

Corominas J, Moya J. 1999. Reconstructing recent landslide activity in relation to rainfall in the Llobregat River basin, Eastern Pyrenees, Spain. Geomorphology, 30 (1-2): 79-93.

Fiorillo F, Wilson R. 2004. Rainfall induced debris flows in pyroclastic deposits, Campania (Southern Italy). Engineering Geology, 75 (3-4): 263-289.

Fraccarollo F, Papa M. 2000. Numerical simulation of real debris-flow events. Physics and Chemistry of the Earth (B), 25 (9): 757-763.

Franzi L, Bianco G. 2001. A statistical method to predict debris flow deposited volumes on debris fan. Physics and Chemistry of the Earth (B), 26 (9): 683-688

Glade T, Crozier M, Smith P. 2000. Applying probability determination to refine landslide-triggering rainfall thresholds using an empirical 'Antecedent Daily Rainfall Model '. Pure and Applied Geophysics, 157 (6-8): 1059-1079.

Gregorio S, Rongo R, Siciliano C, et al. 1999. Mount Ontake landslide simulation by the cellular automata model SCIDDICA-3. Physics and Chemistry of the Earth (A), 24 (2): 97-100.

Iverson R M, Reid M E, LaHusen R G. 1997. Debris-flow mobilization from landslides. Annual Review of Earth and Planetary Sciences, 25: 85-138.

Li F B, Wei F Q, Cui P. 2003. Disaster reduction decision support system against debris flows and landslides along highway in mountainous area. Wuhan University Journal of Natural Sciences, 8 (3B): 1012-1020.

Rickenmann D. 1999. Empirical relationships for debris flows. Natural Hazards, 19 (1): 47-77.

Wei F Q, Gao K H, Hu K H. 2006. Method of debris flow prediction based on numerical weather forecast and its application//Lorenzini G, Brebbia C A, Emmanouloudis D E. Monitoring, Simulation, Prevention and Remediation of Dense and Debris Flows. Southampton: WIT Press: 37-46.

Wei F Q, Hu K H, Guan Q. 2008. A decision support system for debris flow hazard mitigation in towns based on numerical simulation. International Journal of Risk Assessment and Management, 8 (4): 373-383.

Wei F Q, Hu K H, Jose L L, et al. 2003. Method and its application of the momentum model for debris flow risk zoning. Chinese Science Bulletin, 48 (6): 594-598.

Wilson R C. 1997. Normalizing rainfall/debris-flow thresholds along the U.S. pacific coast for long-term variations in Precipitation Climate//Chen C L. Debris-flow hazard mitigation: Mechanics, Prediction, and Assessment. New York: ASCE: 32-43.

Zimmermann M, Mani P, Romang H. 1997. Magnitude-frequency aspects of alpine debris flows. Eclogae Geologicae Helvetiae, 90 (3): 415-420.

第二章 泥石流及其预报分类

泥石流种类繁多，根据不同分类标准，可以划分成多种类型。泥石流预报也存在不同的类型，根据预报的时空尺度、预报方法等均可将其分为不同的种类。为了规范不同类型的泥石流和泥石流预报的名称，建立科学的泥石流预报体系，本章将对泥石流和泥石流预报的分类进行探讨，并根据我国主要的泥石流类型分析对泥石流预报的需求。

第一节 泥石流分类

泥石流分类方法众多，按照不同的分类标准划分出不同的泥石流，但目前尚无统一的分类标准和分类方法，大多是根据实际需要来选择分类标准和分类方法。

一、主要的泥石流分类方法

国内外泥石流分类的方法繁多，但归纳起来，主要有如下几种（中国科学院成都山地灾害与环境研究所，1989；中国科学院水利部成都山地灾害与环境研究所，2000；康志成等，2004）。

1. **按泥石流发育的地貌类型分类**

按泥石流发育的地貌类型，将泥石流划分为沟谷泥石流和坡面泥石流。

2. **按激发泥石流形成的水源条件分类**

按激发泥石流形成的水源条件，将泥石流划分为降水泥石流、冰雪融水泥石流和溃决洪水泥石流。

3. **按土源条件分类**

按土源条件，将泥石流划分为水石质泥石流、泥质泥石流和泥石质泥石流。

4. **按流域地貌发展期分类**

按流域地貌发展期，将泥石流划分为发展期泥石流、强盛期泥石流、衰退期泥石流。有的学者将其分为发展期泥石流、强盛期泥石流、衰退期泥石流、停歇期泥石流和潜伏期泥石流。

5. **按发生频率分类**

按发生频率，将泥石流划分为高频泥石流和低频泥石流。

6. **按泥石流发生的规模分类**

按泥石流发生的规模，将泥石流划分为特大型泥石流、大型泥石流、中型泥石流和小型泥石流。

7. 按泥石流形成的力源条件分类

按泥石流形成的力源条件，将泥石流划分为土力类泥石流和水力类泥石流。

8. 按流体流变特性分类

按流体流变特性，将泥石流划分为黏性泥石流和稀性泥石流，有的学者将其划分为黏性泥石流、过渡性泥石流和稀性泥石流。

这八种分类方法是目前较为常见且用途较为广泛的分类方法，还有一些更为细致的分类方法，如按泥石流运动流态的分类、按泥石流运动流型的分类、按泥石流发生时间的分类等，这里不再详述。

二、泥石流分类体系

虽然泥石流分类方法繁多，但对不同分类方法相互间关系的研究却较少。这里在前人泥石流分类工作的基础上，根据不同泥石流分类之间的相互联系，分析研究其间的逻辑关系，初步建立泥石流分类体系（图 2-1），更好地为泥石流研究和减灾服务。

（一）分类体系

无论按照什么样的分类标准和分类方法，相互之间都会有相互包涵和相互交叉。为了更清楚地认识其间的相互关系，这里根据宏观控制、向下包涵、逐级细化的原则，建立多级的泥石流分类体系。

（1）一级分类：泥石流发育的海陆背景。

（2）二级分类：泥石流发育的地貌类型。

（3）三级分类：泥石流形成的激发因素。

（4）四级分类：泥石流的起动力源。

（5）五级分类：泥石流流体的流变特性。

（6）六级分类：泥石流体的物质构成。

（7）七级分类：泥石流发生的规模。

（8）八级分类：泥石流发生的频率。

这是泥石流分类的八大主级，每级分类中还可以包含若干的次级分类。

（二）分类结果

1. 一级分类

根据泥石流发育的海陆背景，将泥石流划分为海底泥石流和陆地泥石流。由

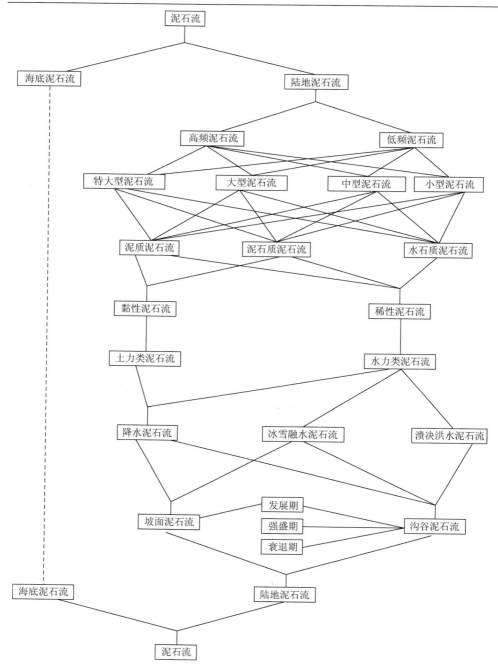

图 2-1　泥石流分类体系结构图

于海底泥石流的危害相对较小，目前对其研究较少，这里暂不对其进行更详细的分类。但是，随着人类海洋活动的日益频繁，特别是海底能源的开发利用，海底滑坡和泥石流的研究将逐渐被重视。以下级别的分类均是对陆地泥石流的分类。

2. 二级分类

陆地泥石流主要发育在两种环境下，一种是坡面，另一种是沟谷。坡面泥石流发育在尚未形成明显沟谷的山坡上，汇水面积一般不大于 $0.3km^2$，而沟谷泥石流一般发育在大于 $0.3km^2$ 的沟谷内，能明显地划分出泥石流形成区、流通区和堆积区（中国科学院成都山地灾害与环境研究所，1989）。

在次级的分类中，往往根据泥石流发育沟谷的地貌发展演化阶段不同，将其划分为发展期泥石流、强盛期泥石流和衰退期泥石流。

3. 三级分类

无论是坡面泥石流还是沟谷泥石流的形成均需要在水的激发下才能形成。根据激发泥石流水源的不同，将泥石流划分为降水泥石流、冰雪融水泥石流和溃决洪水泥石流。

在次级的分类中，降水泥石流一般分为一般降水泥石流和台风（飓风）降水泥石流；冰雪融水泥石流一般分为冰川泥石流、积雪融水泥石流和冻土融水泥石流，当然也有降水和融水混合泥石流；溃决洪水泥石流又分为人工库坝溃决泥石流、堵塞库（湖）溃决泥石流和冰（高山）湖溃决泥石流。

沟谷泥石流可以由上述三大类水源条件激发而形成，但坡面泥石流一般仅由前两种水源条件激发而成，其中冰雪融水泥石流中也仅限于冻土融水。

4. 四级分类

泥石流的起动力源主要有两种，一种是土动力，另一种为水动力，据此可将泥石流分为土力类泥石流和水力类泥石流。

降水激发的泥石流既可以是土力类泥石流又可以是水力类泥石流，而冰雪融水和溃决洪水激发的泥石流均为水力类泥石流。

5. 五级分类

根据泥石流流体性质，将泥石流分为黏性泥石流和稀性泥石流。稀性泥石流的流态变化较少，连续的紊流，而黏性泥石流流态复杂，在次级分类中，黏性泥石流又被分为紊流、层流和蠕动流，进一步可以分为阵流和连续流。

以土动力作用形成的泥石流多为黏性泥石流，一般密度大，黏度高，而以水动力作用形成的泥石流多为稀性泥石流，一般为固液两相流。

6. 六级分类

不同性质的泥石流体，其物质组成也具有较大差异。根据泥石流流体的物质组成，可将其分成泥质泥石流、泥石质泥石流和水石质泥石流。泥质泥石流的固体物质颗粒较为细小和均匀，又称为泥流，火山泥流（lahar）也属于此类泥石流。泥石质泥石流是最为常见的泥石流，一般意义的泥石流即为该类泥石流，固体物质大小混杂，颗粒级配很宽。水石质泥石流又称水石流，固体物质以粗大颗粒为主。

黏性泥石流可以为泥质泥石流，也可以为泥石质泥石流，但不可能为水石质泥石流。稀性泥石流则一般为泥石质泥石流和水石质泥石流。

7. 七级分类

任何流体特征的泥石流发生时都有规模大小之分，根据泥石流规模，可将其分为特大型泥石流（一次泥石流总量大于 100 万 m^3）、大型泥石流（一次泥石流总量为 50 万～100 万 m^3）、中型泥石流（一次泥石流总量为 10 万～50 万 m^3）、小型泥石流（一次泥石流总量小于 10 万 m^3）。对于规模级别的界定种类很多，不同学者根据各自国家泥石流特点有着不同的界定（表 2-1），一次泥石流总量只是一个界定指标，泥石流单宽流量或峰值流量也是重要的界定指标。

表 2-1   对泥石流规模级别的界定

级别	库尔金（1980）		中国科学院成都山地灾害与环境研究所（1989）	李德基（1997）		中国科学水利部成都山地灾害与环境研究所（2000）	
	一次泥石流总量/万 m^3	单宽流量/(m³/s)	一次泥石流固体物质总量/万 m^3	一次泥石流总量/万 m^3	峰值流量/(m³/s)	1%频率下一次泥石流冲出量/万 m^3	1%频率下泥石流峰值流量/(m³/s)
特大型	>100	8～9	>50	>100	>2000	>100	200～2000
大型	50～100	5～7	10～50	10～100	300～2000	10～100	50～200
中型	10～50	3～5	1～10	1～10	50～300	1～10	<50
小型	<10	<3～5	<1	<1	<50	<1	

8. 八级分类

按泥石流暴发的频率，将泥石流分为低频泥石流和高频泥石流。对泥石流发生频率高低的界定也十分复杂，一般情况下将一年暴发多次或几年暴发一次的泥石流界定为高频泥石流基本得到大家的认同，把几十年到上百年暴发一次的泥石流界定为低频泥石流也没有太多争议，但是对十年至几十年暴发一次的泥石流的界定则存在较大争议，有的学者将其界定为中频泥石流。

第二节   泥石流预报分类

泥石流预报是泥石流减灾的重要手段之一，因此，国内外都对泥石流预报开展了广泛的研究，但因泥石流形成的复杂性和泥石流形成机理的研究尚处于探索阶段，泥石流预报研究成为泥石流研究的难点，长期仍停留在基于对诱发泥石流降水的统计学分析的水平上。随着世界经济的不断发展，泥石流灾害造成的损失越来越严重，使近 20 年来泥石流预报的研究更加受到各国科学家的重视，开展了内容广泛的研究，出现了种类繁多的泥石流预报类型，如泥石流的空间预报、时间预报、规模预报、损失预报等。但到目前为止，尚未发现对泥石流预报分类的研究或较为完整的论述，几乎所有研究文献使用的都是泥石流预报这个宽泛的概念。因此，有必要对泥石流预报的分类进行系统的研究，提出完整的泥石流预报的分类方法和分类体系，从而为提高泥石流预报精度和研究水平服务。

一、泥石流预报分类研究概况

虽然目前尚未有对泥石流预报分类的专门研究和论述，但在一些泥石流预报的研究文献中还是对泥石流预报的类型有一些零散的分类。陈景武（1990）在蒋家沟降水泥石流预报研究中将泥石流预报分为短期预报、中期预报和长期预报，但并未给出准确的时间界限。谭万沛等（1994）、谭万沛（1996，2000）根据预报的性质将其分为背景预测、预案预报、判定预报和临灾预报，根据预报的时间将其分为长期预报、中期预报、短期预报和短临预报，并给出了准确的时间界限。高速等（2002）也给出了类似的时段分类。魏永明和谢又予（1997）在研究中将泥石流预报模型的建立分成空间分布模型和时间预报模型进行研究，也算是对泥石流预报进行了简单的分类。周金星等（2001）在关于泥石流预报预警的述评文章中将泥石流预报分成空间预报和时间预报两部分论述，也体现出了这一分类方法。韦方强等（2004）在研究中将泥石流预报分成区域预报和沟谷预报。

总之，在现有的研究中不同的学者根据泥石流预报研究内容的不同对泥石流预报进行了简单分类，这些分类缺乏系统性和综合性，使各种不同类型的泥石流预报在研究文献中都还使用宽泛的"泥石流预报"概念。本节将在全面分析国内外泥石流预报研究成果的基础上，系统全面地对泥石流预报进行分类，建立系统的泥石流预报分类体系，并对每种泥石流预报类型的研究现状和发展方向作简要论述。

二、泥石流预报分类的原则

泥石流预报分类坚持以下原则。

主体性原则：泥石流预报的主体不同导致预报方法、内容和用途的不同，依据泥石流预报的主体进行分类是泥石流预报分类的基本原则。

时空特征原则：泥石流预报的结果就是不同预报内容在时空的分布特征，这些时空特征体现了预报结果的类别。

应用性原则：泥石流预报的目的就是应用于减灾实践，而不同类型的泥石流预报其应用范围和应用目的有着很大的差异。

简明性原则：分类体系和分类结果简单明了，便于使用和掌握。

三、泥石流预报分类的依据和分类结果

（一）分类依据

以上述泥石流预报分类原则为基础，选择以下依据进行泥石流预报分类：①根据预报灾害的孕灾体分类；②根据预报的时空关系分类；③根据预报的时间段分类；④根据预报的性质和用途分类；⑤根据预报的泥石流要素分类；⑥根据预报的灾害结果分类；⑦根据预报方法分类。

（二）分类结果

1. 根据预报灾害的孕灾体分类

所谓孕灾体就是产生泥石流灾害的地理单元，这个地理单元可以是一个行政区域，也可以是一个水系或地理区划区域，还可以是具体形成泥石流的泥石流沟谷（坡面）。根据孕灾体的不同，将泥石流预报分成区域预报和单沟预报。

区域预报是对一个较大区域内泥石流活动状况和发生情况的预报，宏观地指导泥石流减灾，帮助政府制定减灾规划和减灾决策。区域预报一般是对一个行政区域进行预报，但铁路和公路等部门往往只关注线路沿线区域的泥石流灾害情况只对线路区域进行预报，应当成为线路预报，因线路预报仍是对某线路区域内的所有泥石流活动进行预报，所以线路预报应包括在区域预报中。

单沟预报是最为具体的预报，是对具体的某条泥石流沟（坡面）的泥石流活动进行预报，指导该沟（坡面）内的泥石流减灾，这些沟（坡面）内往往有重要的保护对象。

2. 根据预报的时空关系分类

根据泥石流预报的时空关系，可以将泥石流预报分为空间预报和时间预报。

郭廷辅（1999）将泥石流空间预报定义为通过划分泥石流沟及危险度评价和危险区制图来确定泥石流危害地区和危害部位。这里把区域性泥石流危险度分区（危险度）评价包括在空间预报中，这样空间预报就包括单沟空间预报和区域空间预报。泥石流空间预报对经济建设布局、工程建设规划、山区城镇建设规划和土地利用规划等都具有重要的指导意义。

时间预报是对某一区域或沟谷在某一时段内将要发生泥石流灾害的预报，因此，时间预报也包括区域时间预报和单沟时间预报。

3. 根据预报的时间段分类

根据预报的时间段分类就是根据发出预报至灾害发生的时间长短进行分类，对这一分类谭万沛有较深入的研究，把泥石流预报分成长期预报、中期预报、短期预报和短临预报。

长期预报的预报时间一般为 3 个月以上，中期预报的预报时间一般为 3 天到 3 个月，短期预报的预报时间一般为 6 小时到 3 天，短临预报的预报时间一般为 6 小时以内（谭万沛等，1994；谭万沛，1996，2000）。

4. 根据预报的性质和用途分类

根据泥石流预报的性质和用途可将泥石流预报分为背景预测、预案预报、判定预报和确定预报。

背景预测是根据某区域或沟谷内的泥石流发育环境背景条件分析，对该区域或沟谷内较长时间内泥石流活动状况的预测，预测的用途是指导该区域或沟谷内经济建设布局和土地利用规划等。预案预报对某区域或沟谷当年、当月、当旬或几天内有无泥石流活动可能的预报，指导泥石流危险区做好减灾预案。判定预报是根据降水过程判定在几小时至几天内某区域或沟谷有无泥石流发生的可能，具体指导小区域或沟谷内的泥石流减灾。确定预报是根据对降水监测或实地人工监测等确定在数小时以内将暴发泥石流的临灾预报，预报结果直接通知到危险区的人员，并组织人员撤离和疏散。

5. 根据预报的泥石流要素分类

根据预报的泥石流要素可将泥石流预报分为流速预报、流量预报和规模预报。

流速预报和流量预报都是对通过某一断面的沟谷泥石流的流速和流量进行预报，一般是针对某一重现期的泥石流的要素进行预报，主要为泥石流减灾工程的设计和计算泥石流泛滥范围和危险区的划分服务。规模预报是对泥石流沟一次泥石流过程冲出物总量和堆积总量的预报，对泥石流减灾工程设计、泥石流堆积区土地利用规划等都有重要意义。

6. 根据预报的灾害结果分类

根据预报的灾害结果可将泥石流预报分为泛滥范围（危险范围）预报和灾害损失预报。

泥石流泛滥范围预报是泥石流流域土地利用规划的重要依据，是安全区和避难场所划定和选择的重要依据，同时也是危险性分区的重要依据。灾害损失预报是对泥石流灾害可能造成灾害损失的预报，是政府减灾和救灾部门制定减灾和救灾预案的重要依据。

7. 根据预报方法分类

泥石流预报方法种类繁多，但归纳起来可以分为定性预报和定量预报两大类。定性预报主要是通过对泥石流发生条件的定性评估来评价区域或沟谷泥石流活动状况，一般用于中、长期的泥石流预报。定量预报是通过对泥石流发育的环境条件和激发因素进行定量化的分析，确定泥石流的活动状况或发生泥石流的概率，一般用于泥石流短期预报和短临预报中，给出泥石流发生与否的判定性预报和确定性预报。定量预报又可以分为基于降水统计的统计预报和基于泥石流形成机理的机理预报。

基于降水统计的统计预报主要是根据对发生的泥石流历史事件进行统计分析，确定临界降水量，并以此作为泥石流预报的依据，是目前研究和应用最多的一种预报方法。基于泥石流形成机理的机理预报是以泥石流形成机理为基础，根据流域内土体的土力学特征变化过程预报泥石流的发生与否，由于泥石流形成机理的研究尚不成熟，所以基于泥石流形成机理的机理预报处于探索阶段。

从以上的泥石流预报分类可以看出，根据分类的依据不同，可以将泥石流预报分成许多类型，但不同类型的预报之间又相互交叉和包含，根据这一特点进行综合分析，可以建立泥石流预报的分类结构树（图2-2），综合反映泥石流的类型和分类关系。

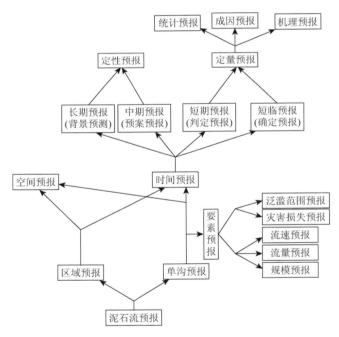

图 2-2　泥石流预报分类结构树

四、不同类型泥石流预报的研究现状和发展方向

泥石流预报是一个十分年轻的学科方向，在整体上还处于探索阶段，起初是

对区域和沟谷泥石流的评估，发展到对泥石流事件的预测、预报，后来随着对泥石流认识的深入和科学技术的发展，又提出了泥石流要素预报和灾害后果预报。在研究方法上从初期的定性评估、半定量评估，发展到定量化评估和预报，目前泥石流预报研究处在三种方法并存，侧重发展定量化的阶段。在定量化研究上，目前主要以统计方法为主，正在向以泥石流形成机理为主的机理预报方向探索。现以图 2-2 中结构树的主干为主线分别对不同类型泥石流预报的研究现状和发展方向加以论述。

（一）泥石流区域预报

1. 泥石流区域空间预报

泥石流区域空间预报主要是中、长期预报，主要采用泥石流危险度区划方法。因中国和苏联泥石流灾害分布范围广，在这方面做了大量的工作。目前这一方向的研究主要有三种方法，一是利用区域内泥石流发育的环境要素的分析和评估确定不同区域的泥石流危险程度（唐邦兴等，1991；钟敦伦等，1994；仲桂清等，1995；陈晓清和谢洪，1999；唐川和朱大奎，2002；Hofmeister and Miller，2003），为间接指标评价方法；二是通过泥石流沟密度、规模、频率等关于泥石流发育和活动状况的直接指标评价区域泥石流危险程度（刘希林，1989；韦方强，1998），为直接指标方法；三是将前两种方法结合起来（刘希林，1988；汤家法和谢洪，1999；刘希林和王小丹，2000；汪明武，2000；韦方强等，2000），为直接指标和间接指标相结合的方法。

方法一简单方便，在 GIS 技术支持下更为方便快捷，但存在结果准确性检验难的缺点，适用于相关的泥石流资料严重缺乏的地区。方法二评价结果准确可靠，但需要大量泥石流资料的支持，适用于泥石流资料丰富的地区。方法三是前两者的结合，适合于泥石流资料较丰富的地区。为了提高评价结果的准确性，应当在日益成熟的遥感和 GIS 技术支持下重点发展第二种和第三种方法，为区域泥石流减灾提供更准确的区域空间预报结果。

2. 泥石流区域时间预报

目前的泥石流区域时间预报几乎都是基于降水统计的预报，根据区域内的历史灾害事件和地貌、地质、植被等影响因素确定泥石流发生的临界水量，在不同的研究中，临界水量有不同的指标，一般有临界日水量、临界小时水量、临界 10min 水量等（谭万沛，1992，1996，2000；谭万沛等，1994；刘孝盈，1995；韦京莲等，1995；Crosta，1998；文科军等，1998；Fulton，1999；晋玉田，1999）。临界水量的准确确定十分困难，并且目前降水预报的准确度还很低，所以根据不准确的降水预报和不准确的临界水量进行泥石流预报具有很高的风险，为了避免使用这个不准确但又很绝对的临界值造成的高风险，出现了使用模糊的临界水量值并结合其他因素确定泥石流发生概率等级的研究（韦方强等，2004）。最近又出现了根据雷达等遥感方法获取降水信息进行泥石流预报的研究，提高了预报降水的准确性（Wieczork et al.，2003）。

为了提高预报的准确性，泥石流区域时间预报应当加强如下几方面的研究：一是加强降水与下垫面耦合关系的研究，提高临界降水量的准确性和在区域上的分辨率；二是加强云层和下垫面耦合关系的研究，利用遥感手段提高降水的预报精度；三是建立多级降水预报系统，构建多级泥石流预报体系，提供不同时段不同精度的泥石流预报。

（二）泥石流单沟预报

1. 泥石流单沟空间预报

泥石流单沟空间预报主要是对泥石流沟流域进行危险区划分，确定泥石流灾害在流域的空间分布。这方面的初期研究主要是通过对流域地貌或其他流域背景因素进行分析评估泥石流危险范围的空间分布，并据此进行灾害制图，指导泥石流流域的土地利用（Aulitzkey，1972；足立胜治，1977；刘希林等，1992；Fiebiger，1997）。随着泥石流运动方程的建立和计算机技术的发展，开始了通过对泥石流运动数值模拟进行泥石流危险区划分的研究，泥石流单沟空间预报更加科学和准确（O'Brien et al.，1993；唐川，1994；Shieh et al.，1996；Fraccarollo and Papa，2000；罗元华和陈崇希，2000；Hübl and Steinwendtner，2001；韦方强等，2003）。

数值模拟方法已成为单沟空间预报的发展主方向，但该方法应加强泥石流运动方程研究，建立不同类型泥石流的运动方程，更加准确地模拟不同类型泥石流的运动过程。

2. 泥石流单沟时间预报

泥石流单沟时间预报是泥石流预报的重点也是难点，对其预报精度要求也最高。目前的研究主要是根据统计方法获取泥石流形成的临界水量或建立临界水量经验公式（Caine，1980；陈景武，1990；钟敦伦和王爱英，1990；谭炳炎，1994；Wilson and Wieczorek，1995；王韦等，1999；Fan et al.，2003）。因观测到的有完整降水过程和完整泥石流形成过程的泥石流事件极其有限，使得该方法的准确性仍处在较低的水平。为此，对泥石流的形成机理开展了大量的研究，试图建立基于泥石流形成机理的泥石流预报方法，以提高预报准确性（崔鹏，1991a，1991b；Joode et al.，2003）。

研究泥石流形成机理，建立基于泥石流形成机理的机理预报是提高单沟泥石流时间预报精度的最根本方法，也逐渐成为泥石流预报的主攻方向。但在目前泥石流形成机理尚未探明的现状下，加强泥石流的监测和原型观测，获取丰富的原始资料，提高临界水量的准确性仍是目前的主要任务和方向之一。

3. 泥石流要素预报

泥石流流速、流量和规模等要素的预报对泥石流减灾十分重要，目前的研究主要参照水文计算方法结合流域环境要素的评估建立经验公式，这些研究都建立在同频率的降水导致同频率的泥石流的假设基础上（周必凡等，1991；Rickenmann，1999）。以此为基础，泥石流流速、流量等要素在堆积扇的时空分布也可以利用泥石流运动数值模拟的方法进行预报，从而指导泥石流堆积扇区的减灾预案（韦方强等，2003）。

4. 泥石流灾害结果预报

随着泥石流灾害规模、流量等泥石流要素预报的不断发展，泥石流灾害造成的泛滥范围、灾害损失等灾害结果预报也开始受到重视（Benda and Cundy，1990；Mizuyama and Ishikawa，1990），成为泥石流预报研究的一个新方向。

第三节　我国的主要泥石流类型与泥石流预报需求

一、我国的主要泥石流类型

我国山地分布范围广、面积大、类型多样，使我国泥石流类型齐全，除火山泥流（lahar）以外的其余类型泥石流在我国均有分布。泥石流分类方法繁多，但对泥石流预报来讲，根据泥石流形成的激发因素进行分类的方法最具有实用性，因为泥石流流域（坡面）自身的基础条件是相对稳定的，只有激发因素是时刻变化的，是泥石流预报中最具动态性的关键因子。按照泥石流形成的激发因素，泥石流可以分为降水泥石流、冰雪融水泥石流和溃决洪水泥石流，它们在我国的分布情况如下。

（一）降水泥石流

由降水诱发的泥石流几乎遍布全国主要山区，是我国分布范围最广、数量最多、危害最严重的泥石流类型。进一步细分，降水诱发的泥石流又可以分为一般降水诱发的泥石流和台风降水诱发的泥石流。由于我国绝大部分地区受季风影响，降水多集中于夏季，虽然一些山区属于半干旱气候，但集中于夏季的降水仍可以引发泥石流灾害，因此，除西北地区个别极端干旱的山区外，一般降水诱发的泥石流在我国山区皆有分布，是我国泥石流减灾的主要对象。

我国是受台风影响严重的国家之一，每年都有多个台风在我国东部登陆，台风登陆后产生的高强度降水在山区往往诱发严重的泥石流灾害。根据 1960~2003 年我国热带气旋平均年降水分布，我国登陆台风的主要降水影响区域在东部，再结合我国大的地貌第一阶梯向第二阶梯过渡地带结构，将台风平均年降水量大于 10mm 的区域作为台风影响区（图 2-3），这一范围的山地即位于我国台风降水诱发的泥石流的分布区。在此地区，平均海拔在 1000m 以下，主要包括东北平原、华北平原、长江中下游平原、江南丘陵、浙闽丘陵和两广丘陵，总面积达 182 万 km^2（徐晶等，2008）。

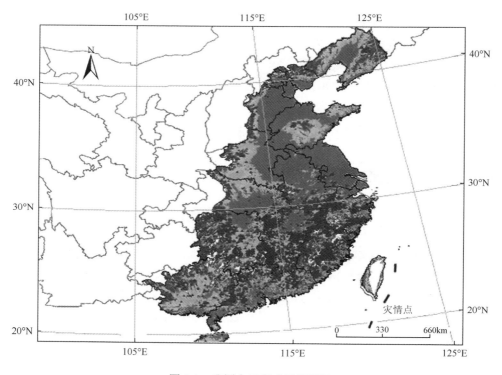

图 2-3 我国台风影响区范围图

（二）冰雪融水泥石流

我国高山和高原众多，部分地区处于高纬度区，气候寒冷、积雪范围广、冻土分布面积大，部分地区还发育有现代冰川，使我国冰雪融水泥石流成为仅次于降水泥石流的主要泥石流类型，在冰雪融水泥石流中又以冰川泥石流为主。根据施雅风（2005）的研究我国现代冰川主要分布在雪宝顶以西的高山和高原区（图 2-4），除在藏东南、西昆仑和天山北坡少数几个地区有条带状的冰川分布外，其余的冰川散布在广袤的高原和高山区。其中藏东南、西昆仑和天山北坡也是冰川泥石流最为发育的地区。

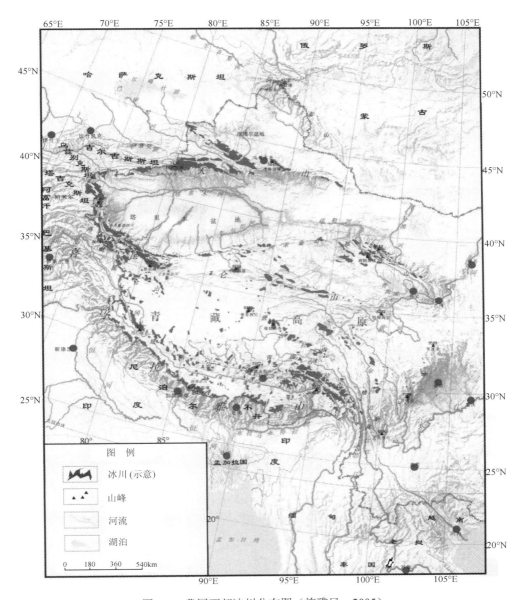

图 2-4　我国西部冰川分布图（施雅风，2005）

（三）溃决洪水泥石流

溃决洪水泥石流主要包括人工库坝溃决泥石流、堵塞库（湖）溃决泥石流和冰（高山）湖溃决泥石流。人工库坝溃决泥石流的分布没有规律性，主要为我国早期修建的山区中小型水库，这些水库多为土石坝，因施工质量较差和年久失修，现多为病库坝，存在库坝溃决引发泥石流灾害的危险。据不完全统计，我国建有库坝85000多座，是世界上建坝最多的国家，总库容约5183亿 m^3。但是，水库的现状不容乐观，约有30413座水库为病险水库（郑治，2004）。这些病险水库大多为人工库坝溃决泥石流的隐患点，需要加强病库的加固和监测。

堵塞库（湖）溃决泥石流主要分布在高山峡谷区，大型的滑坡、雪崩等活动造成河道堵塞，形成堵塞坝，这种坝体稳定性差，容易溃决，溃决洪水往往引发大规模的泥石流灾害。例如，2004年4月9日，西藏自治区波密县易贡藏布左岸支沟扎木弄巴沟发生了体积约 $3 \times 10^8 m^3$ 的特大滑坡，滑坡堆积物堵断了易贡藏布。由于正值融雪季节，加上滑坡发生前后连续降水，易贡湖水位迅速上涨，堵塞坝体于6月10日溃决，形成特大泥石流，给下游地区造成了严重灾难，并一直波及境外（吕杰堂等，2003）。

冰湖多位于现代冰川的前缘、侧缘以及古冰川谷和古冰斗内，一般海拔高但面积小。大部分冰湖后缘与现代冰川相连，或在现代冰川冰舌附近。我国冰湖主要分布在青藏高原，且主要集中在西藏自治区境内，与我国现代冰川的分布范围（图2-4）基本一致。在现代冰川前进或跃动、冰舌断裂、冰湖岸坡出现崩塌或滑坡、温度骤然升高加速冰川融化、湖口向源侵蚀加剧、坝体下部管涌引起塌陷等众多因素均可以造成冰湖溃决（刘伟，2006）。由于冰湖下部沟道存在大量冰碛物，冰湖溃决洪水往往引发大规模泥石流灾害。据吕儒仁（1999）研究，已知1935～1995年在西藏境内先后有13个冰湖溃决过15次，每一次溃决都引发了大规模的泥石流灾害。溃决洪水泥石流的数量和发生次数并不高，然而由于冰湖水量充足，沿途冰碛物丰富，使泥石流规模巨大，危及范围大，灾害严重，并且该区域多跨境河流，溃决洪水泥石流往往形成跨境灾害。

二、泥石流预报的基本需求

综上所述，我国泥石流以降水诱发泥石流为主，遍及全国主要山区，其次为冰雪融水泥石流，主要分布在西藏和新疆，溃决洪水泥石流则呈星状散布于各主要山区。因此，对降水泥石流和冰雪融水泥石流的预报是我国泥石流预报的重点，对溃决洪水泥石流的预报异常困难，应重点对其进行监测和预警。根据我国泥石流的分布特点和类型特点以及减灾需求，需要加强以下泥石流预报的研究和业务工作。

（一）大区域的泥石流预报

大区域泥石流预报是指以全国或省（市、自治区）或地理区域为单元的泥石流预报。这种预报可以为目标区域提供较为宏观的预报产品，时效一般为 12～48h，空间范围一般在 10 万 km^2 以上。预报结果可以为预报区域的泥石流防灾提供较为宏观的指导，作为该级政府泥石流减灾决策的重要依据，并为下一级泥石流预报部门进行泥石流预报提供指导，也可以作为下一级政府泥石流减灾决策的重要参考，同时也是提醒山区群众主动防灾避灾的重要依据。

（二）中小区域的泥石流预报

中小区域的泥石流预报是指以市（地区、州）或特定地理区域为单元的泥石流预报。这种预报可以为预报区域提供较为细致的泥石流预报，预报时效一般为 3～24h，预报空间尺度一般小于 10 万 km^2。预报结果可以为预报区域的泥石流减灾提供更为细致的指导，作为该级政府泥石流减灾决策的重要依据，是提醒区域内民众主动防灾避灾的重要依据。中小区域泥石流预报还可以以线性区域为单元，如高速公路沿线和铁路干线沿线等为预报区域，为通过该区域的交通干线或其他重要线性工程的泥石流减灾决策提供具体的指导，保障区域内线性工程的运营安全。

（三）单沟泥石流预报

我国泥石流沟（坡）众多，不可能对每一处泥石流均进行预报，但对具有重要危害对象（如城镇、铁路干线、公路干线、重要工矿企业等）的泥石流沟必须进行单沟泥石流预报。单沟泥石流预报的预报结果是指导该流域泥石流减灾的重要依据，是避免泥石流造成重大人员伤亡和财产损失的重要手段。单沟泥石流预报不仅要提供泥石流的时间预报，预报时效一般为 0.5～3h，为泥石流避灾提供准确的依据，同时还要对泥石流的规模和危害范围进行预报，以确定泥石流泛滥范围，划定危险区和安全区，为避难人员或避难车辆等提供准确的信息，并为泥石流临灾预案和抢险救灾方案的制订提供科学依据。

（四）重点泥石流的监测和预警

单沟泥石流预报是泥石流预报的重点，但同时也是泥石流预报的难点。因为泥石流的形成机理研究尚未取得突破性的进展，严重影响了单沟泥石流预报的准确性。在单沟泥石流预报准确性较低的情况下，许多泥石流沟又有重要的保护对象，对重点泥石流沟进行监测和预警就成为当前泥石流减灾的重点。泥石流监测和预警是重点泥石流沟泥石流防灾的最后一道防线，是避免泥石流造成重大人员伤亡的最后一环也是关键一环。泥石流监测和预警的重点包括危害山区城镇和其他居民点、交通干线和其他重要基础设施、风景旅游区等的泥石流沟，因为水库和冰湖溃决泥石流灾害规模巨大、波及范围广、危害巨大，因此，对病险水库和冰湖溃决的监测和预警也是泥石流监测和预警的重点。

参 考 文 献

陈景武. 1990. 蒋家沟暴雨泥石流预报//吴积善，康志成，田连权等. 云南蒋家沟泥石流观测研究. 北京：科学出版社：197-213.

陈晓清，谢洪. 1999. 基于 GIS 的泥石流危险度区划研究. 土壤侵蚀与水土保持学报，5（6）：46-50.

崔鹏. 1991a. 九寨沟泥石流预测. 山地研究，9（2）：88-92.

崔鹏. 1991b. 泥石流启动条件和启动机理的实验研究. 科学通报，36（21）：1650-1652.

高速，周平根，董颖等. 2002. 泥石流预测预报技术方法的研究现状浅析. 工程地质学报，10（3）：279-283.

郭廷辅. 1999. 长江流域水土保持技术手册. 北京：中国水利水电出版社.

晋玉田. 1999. 攀西地区泥石流滑坡灾害与降水关系的分析和预报. 四川气象，19（3）：34-38.

康志成，李焯芬，马霭乃等. 2004. 中国泥石流研究. 北京：科学出版社.

库尔金. 1980. 论泥石流的分类. 地理译文集（泥石流专辑），（4）：95-102.

李德基. 1997. 泥石流减灾理论与实践. 北京：科学出版社.

刘伟. 2006. 西藏典型冰湖溃决型泥石流的初步研究. 水文地质工程地质，（3）：88-92.

刘希林. 1988. 泥石流危险度判定的研究. 灾害学，3（3）：10-15.

刘希林. 1989. 泥石流危险区划的探讨. 灾害学，4（4）：3-9.

刘希林，王小丹. 2000. 云南省泥石流风险区划. 水土保持学报，14（3）：104-107.

刘希林，唐川，朱静. 1992. 泥石流危险范围的流域背景预测法. 自然灾害学报，1（3）：56-67.

刘孝盈. 1995. 印度尼西亚的泥石流预警预报系统. 中国水土保持，（3）：17-19.

吕杰堂，王治华，周成虎. 2003. 西藏易贡大滑坡成因探讨. 地球科学——中国地质大学学报，28（1）：107-110.

吕儒仁. 1999. 西藏泥石流与环境. 成都：成都科技大学出版社.

罗元华，陈崇希. 2000. 泥石流堆积数值模拟及泥石流灾害风险评估方法. 北京：地质出版社.

施雅风. 2005. 中国冰川目录. 上海：上海科学普及出版社.

谭炳炎. 1994. 山区铁路沿线暴雨泥石流预报的研究. 中国铁道科学，15（4）：67-78.

谭万沛. 1992. 四川省泥石流预报的临界雨量指标研究. 灾害学，7（2）：37-42.

谭万沛. 1996. 中国暴雨泥石流预报研究基本理论与现状. 土壤侵蚀与水土保持学报，2（1）：88-95.

谭万沛. 2000. 暴雨泥石流预报程式. 自然灾害学报，9（3）：106-111.

谭万沛，王成华，姚令侃等. 1994. 暴雨泥石流滑坡的区域预测与预报——以攀西地区为例. 成都：四川科学技术出版社.

汤家法，谢洪. 1999. GIS 技术支持下的泥石流危险度区划研究. 四川测绘，22（3）：120-122.

唐邦兴，柳素清，刘世建等. 1991. 中国泥石流危险度区划图. 成都：成都地图出版社.

唐川. 1994. 泥石流堆积泛滥过程的数值模拟及其危险范围预测模型的研究. 水土保持学报，8（1）：45-50.

唐川，朱大奎. 2002. 基于 GIS 技术的泥石流危险性评价研究. 地理科学，22（3）：300-304.

汪明武. 2000. 基于神经网络的泥石流危险度区划. 水文地质工程地质，2：18-19.

王韦，许唯临，谭炳炎. 1999. 铁路泥石流预报警报体系. 山地学报，17（2）：183-187.

韦方强. 1998. 资料完整区泥石流危险度区划方法//钟敦伦，李泳. 中国泥石流滑坡编目数据库与区域规律研究. 成都：四川科学技术出版社：31-36.

韦方强，胡凯衡，Jose Luis Lopez 等. 2003. 泥石流危险性动量分区方法与应用. 科学通报，48（3）：298-301.

韦方强，汤家法，谢洪等. 2004. 区域和沟谷相结合的泥石流预报及其应用. 山地学报，22（3）：321-325.

韦方强，谢洪，钟敦伦. 2000. 四川省泥石流危险度区划. 水土保持学报，14（1）：59-63.

韦京莲，赵波，董桂芝. 1995. 北京山区泥石流降雨特征分析及降雨预报初探. 北京地质，（1）：12-17.

魏永明，谢又予. 1997. 降雨型泥石流（水石流）预报模型研究. 自然灾害学报，6（4）：48-54.

文科军，王礼先，谢宝元. 1998. 暴雨泥石流实时预报的研究. 北京林业大学学报，20（6）：59-64.

徐晶，江玉红，韦方强. 2008. 我国台风影响区地质灾害危险性分区. 中国地质灾害与防治学报，19（4）：61-66.

郑治. 2004. 病坝险库及其加固措施. 水电勘测设计，（3）：1-9.

中国科学院成都山地灾害与环境研究所. 1989. 泥石流研究与防治. 成都：四川科学技术出版社.

中国科学院水利部成都山地灾害与环境研究所. 2000. 中国泥石流. 北京：商务印书馆.

中国科学院水利部成都山地灾害与环境研究所，西藏自治区交通厅科学研究所. 1999. 西藏泥石流与环境. 成都：成都科技大学出版社.

钟敦伦，王爱英. 1990. 四川境内成昆铁路泥石流预测预报参数. 山地研究，8（2）：82-88.

钟敦伦，韦方强，谢洪. 1994. 长江上游泥石流危险度区划的方法与指标. 山地研究，12（2）：78-83.

仲桂清，张恒轩，刘国海. 1995. 辽东泥石流成因和危险度区划研究. 海洋地质与第四纪地质，15（3）：81-91.

周必凡，李德基，罗德富等. 1991. 泥石流防治指南. 北京：科学出版社.

周金星，王礼先，谢宝元等. 2001. 山洪泥石流灾害预报预警技术述评. 山地学报，19（6）：527-532.

足立胜治. 1977. 土石流発生危険度の判定にヽて. 新砂防，33（4）：7-16.

Aulitzkey H. 1972. Vorläufige Wildbachgefährlichkeitsklassifikation für Schwemmkegel. Österr. Wasserw. Beiblatt，24：183-192.

Benda L，Cundy T. 1990. Predicting deposition of debris flows in mountain channels. Canadian Geotechnical Journal，27（4）：409-417.

Caine N. 1980. The rainfall intensity-duration control of shallow landslides and debris flows. Geografiska Annaler，62A：23-27.

Crosta G. 1998. Regionalization of rainfall thresholds：an aid to landslide hazard evaluation. Environmental Geology，35（2-3）：131-145.

Fan J C，Liu C H，Wu M F，et al. 2003. Determination of critical rainfall thresholds for debris-flow occurrence in central Taiwan and their revision after the 1999 Chi-Chi great earthquake. Debris-Flow Hazards Mitigation：Mechanics，Prediction，and Assessment. Rickenmann，Chen（eds）. Rotterdam：Mill press：103-114.

Fiebiger G. 1997. Le zonage des risques naturels en Autriche，France-Autriche conference en restauration du terrain en montagne. Grenoble，France.Wildbachund Lawinenverbau，134（61）：155-164.

Fraccarollo L，Papa M. 2000. Numerical Simulation of Real Debris-Flow Events. Physics and Chemistry of the Earth，Part B：Hydrology，Oceans and Atmosphere，25（9）：757-763.

Fulton R A. 1999. Sensitivity of WSR-88D rainfall estimates to the rain-rate threshold and rain gauge adjustment：A flash flood case study. Weather and Forecast, 14: 604-624.

Hofmeister R J, Miller D J. 2003. GIS-based modeling of debris flow initiation, transport and deposition zones for regional hazard assessments in western Oregon, USA. Debris-Flow Hazards Mitigation: Mechanics, Prediction, and Assessment. Rickenmann, Chen (eds). Rotterdam: Mill Press: 1141-1149.

Hübl J, Steinwendtner H. 2001. Two-dimensional simulation of two viscous debris flows in Austria. Physics and Chemistry of the Earth, Part C: Solar, Terrestrial and Planetary Science, 26 (9): 639-644.

Iverson R M, Reid M E, LaHusen R G. 1997. Debris-flow mobilization from landslides. Annual Review of Earth and Planetary Sciences, 25: 85-138.

Joode A D, Steijn H V. 2003. PRMOTOR-df: a GIS-based simulation model for debris-flow hazard prediction. Debris-Flow Hazards Mitigation: Mechanics, Prediction, and Assessment. Rickenmann, Chen (eds). Rotterdam: Mill Press: 1173-1184.

Mizuyama T, Ishikawa Y. 1990. Prediction of debris flow prone areas and damage. In: French R H (ed). Hydraulics/Hydrology of Arid Lands, Proceedings international Symposium, San Diego, CA, USA. New York: ASCE: 712-717.

O'Brien J S, Julien P Y, fullerton W T. 1993. Two-dimensional water flood and mudflow simulation. Journal of Hydraulic Engineering, 119 (2): 244.

Rickenmann D. 1999. Emprical relationships for debris flows. Natural Hazards, 19 (1): 47-77.

Shieh C L, Jan C D, Tsai Y F. 1996. A numerical simulation of debris flow and its application. Natural Hazards, 13: 39-54.

Wieczork G F, Coe J A, Godt J W. 2003. Remote sensing of rainfall for debris flow hazard assessment. Debris-Flow Hazards Mitigation: Mechanics, Prediction, and Assessment. Rickenmann, Chen (eds). Rotterdam: Mill Press: 1257-1268.

Wilson R C, Wieczorek G F. 1995. Rainfall thresholds for the initiation of debris flow at La Honda, California. Environmental and Engineering Geoscience, 1 (1): 11-27.

第三章　泥石流预报的理论基础

第一节　泥石流形成机理

泥石流形成机理是泥石流预报的理论之本，但由于泥石流形成的复杂性，目前对泥石流形成机理的研究尚处于探索阶段。自然界中的泥石流形成类型多样，形成机理复杂，苏联学者弗莱施曼（Fleisheman，1978）根据大量的野外调查资料将泥石流的形成分为三种类型，一类是动力类，一类是重力类，一类是动力和重力复合类。苏联学者维诺格拉多夫（Vinogradov，1980）提出了三种泥石流形成类型：侵蚀型、滑移型、侵蚀和滑移复合型。这两位学者提出的泥石流形成类型虽然名称上不同，但实质内容却类似，后来的学者一般将其简化归纳成两种启动模式：土动力模式和水动力模式。

一、土动力模式启动机理

土动力类泥石流是由坡面或沟道的松散土（石）体随着含水量的增加主要在重力作用下而启动形成的泥石流。康志成等（2004）将土动力类泥石流的形成过程划分为五个阶段：土石流启动→土石体加速运动初时近底层扰动和液化→土石体加速运动末时整层土石体受到扰动和液化→结构和非结构流运动为一相流→水流参与下层流和紊流流态两相流。

关于土动力模式启动机理的研究，国内外的众多学者以土体的不同参数作为控制量，探讨控制量对泥石流形成的影响。具有代表性的，如康志成（1988）、Iverson 和 LaHusen（1989）、崔鹏（1991）、崔鹏和关君蔚（1993）以及 Iverson 等（1997）。

康志成（1988）分析了中国几条高频泥石流流域的泥石流观测资料，认为泥石流的形成与土体的重力侵蚀是密不可分的。例如，云南大盈江浑水沟，每年发生 20 次以上的高频连续性泥石流的固体物质来源量与滑坡位移量有着密切关系（根据 1976～1978 年的观测资料）；云南东川蒋家沟，根据观测资料分析，该流域得到的重力侵蚀量占总输沙量的 90%。由此，指出不同含水量土石体的稳定性分析将有助于评价泥石流产生的阶段，并对此类泥石流产生的运动力学进行初步分析：就土石体本身因降水而引起的土石体含水量的变化，将泥石流的产生分为四种进行讨论，在滑坡体静力平衡分析的基础上，利用 $\tan\theta$（θ 为坡度角）、$\tan\phi_i$（ϕ_i 为土体不同含水量对应的静摩擦角，$i=0$，1，2，3）两者之间的大小关系，对滑坡体是否失稳产生泥石流进行判定。随后对泥石流形成的固体物质进行分类：砾石土、砂砾土和沙黏土，并根据实验资料绘制了上述三种土石体的内摩擦角值与含水量、泥石流源地的土石体纵坡的关系图。该图能够完整地反映表征不同土石体强度的内摩擦角 ϕ 值随含水量变化的趋势，并能结合不同坡度，对土体的饱水情况进行定性的稳定分析。可以说，该图是形成泥石流三个条件的具体的物理模式，能够对固体物质、水和坡度进行统一的定性分析，通过三者之间关联的变化关系说明泥石流形成的条件情况，具有普适性。

崔鹏（1991）通过分析野外考察资料，认为底床坡度、水分状况和颗粒级配是决定泥石流起动的主要因素，选单沟发育活动较强的横断山区北部九寨沟内的树正沟作为模拟原型，根据沟道原型的特点，研制了直斜式小型模拟实验装置，该模型由 $200\text{cm} \times 20\text{cm} \times 20\text{cm}$ 的矩形有机玻璃实验槽和手动式无级变坡升降架组成；坡度作为试验过程中的控制因素，通过坡度的改变来确定不同土体的含水量（饱和度）和颗粒级配（主要控制细粒土的含量）对泥石流起动的影响，并基于此确定泥石流起动的临界条件。试验结果的分析表明：松散体的水分作用可视为诱发泥石流的外界因素，而细粒土含量决定着松散固体物质内部的结构力，是影响泥石流起动的内因，该内因决定着土体的剪切破坏形式和泥石流起动的速率。据此本书提出了三种泥石流起动的类型：加速起动、常速起动和缓慢起动。此外，该书通过大量的试验数据进行回归拟合，得到了以底床坡度 θ、土体饱和度 S_r 和细粒含量 C 为主轴的空间曲面 S_c 用以表征泥石流的起动特征和条件。以该曲面作为空间基准面，通过沟道内任意一点 $P(\theta, S_r, C)$ 相对于曲面 S_c 位置对泥石流起动与否进行判定，即当 P 点位于曲面 S_c 上时，表示该松散固体物质处于临界起动状态；当 P 点位于曲面 S_c 以下时，则处于稳定状态；当 P 点处于曲面 S_c 以上时，说明已经发生泥石流。对于特定沟道的松散固体物质，该泥石流起动临界空间曲面能够有效地进行泥石流预报和危险度的判定。随后，崔鹏和关君蔚（1993）在泥石流起动临界曲面的基础上，提出了松散固体物质的泥石流起动的势函数：当松散固体物质给定时，泥石流起动的势函数是关于准泥石流体（即松散堆积固体物质）的饱和度的函数，该函数在空间中的曲面特征是一个尖点突变的流形曲面。崔鹏结合势函数的实根解及突变流形曲面分析认为泥石流起动可以有三种情形：在尖点前部区域，泥石流起动过程是突越式发展，具有突发性；在尖点后部区域，固液两相转变是渐变的，泥石流形成过程是缓慢起动的，常以泥质泥石流（或黏滞泥石流）的形态流动；而介于尖点的前部和后部之间的区域，泥石流形成过程是常速的，是自然界中普遍存在的。文书引入泰勒级数公式和牛顿第二定律，对上述准泥石流体起动的势函数变换后分析发现：当堆积体的饱和度发生变化时，泥石流体具有发散性和模态软化性，在研究的基础上，提出了泥石流的预防和治理方法。

Iverson 和 LaHusen（1989）认为土体受到快速剪切会导致土颗粒间的重新排列，造成土体内部的孔隙压力（后面简称孔压）产生波动现象，且当该孔压的波动幅值足够大时可以改变土颗粒间接触的应力场，其对于土体的变形及局部的剪切位移具有抑制效应，即当土体受剪切收缩时，孔压会陡增，进而抑制土体的进一步收缩变形；相反，当土体受剪切膨胀时，孔压会降低，会抑制土体的进一步膨胀变形，类似于一种收缩弹簧的功效。Iverson 指出孔隙压力波动的发展趋势与颗粒间的重新排列速率及孔压平衡速率具有很大的关联。为了验证上述的假定，本书进行了两组试验：第一组试验，将长 290mm，直径 19mm 的玻璃纤维杆有序地堆积在一起，其剖面图犹如用直径相同的玻璃球堆积在一个容器里，纤维杆的尾部采用聚乙烯粘接固定，而规定的滑动面则处于光滑约束的状态，将排列好的玻璃杆浸入水下后，通过滑轮系统以稳定的剪切速率作用于该试验对象上（在剪切过程中，对预先规定的滑动面进行周期式的扰动），实时监测该系统由于剪切变形而造成的孔压的波动，试验结果表明：孔压的波动具有一定的周期性，每个周期内的波形主要特征是波形平坦的高孔压及尖锐的深波低孔压波形，在实验过程中由于纤维杆之间的摩擦及碰撞对孔压信号的周期性产生了一定的干扰，该孔压波动在频域上具有随频率增加而衰减的趋势，即该信号的大部分能量主要集中在低频部分。第二组实验，以人工降雨及地下水作为外部因素，对 $10m \times 4m \times 1m$ 的矩形棱柱土体（该土体堆积在 $30°$ 的粗糙混凝土斜面上）的滑坡进行了实验，在实验过程中实时监测孔压的波动情况。实验表明：在深 $0.8 \sim 0.95m$ 的剪切带附近出现蠕滑时，孔压无明显波动，直到坡面滑移速度达到一定值，才出现波动，这主要是由于剪切区的土体发生膨胀导致孔压的衰减。根据试验，Iverson 认为：滑坡时，孔压的跳动有可能是沿波状基底表面剪切带的土体发生收缩或者膨胀造成的，当孔压在剪切区以亚声波速度向外传递时，会降低颗粒间的接触应力，进而有可能激发剪切区附近的土体变形，土体的变形又会对孔压的进一步波动造成影响，在这样一种相互作用的影响下，有可能造成这样一种土体变形，即滑坡转变为泥石流。

Iverson（1997）指出松散堆积物和干燥的土颗粒是可以承受一定的剪切应力而保持稳定的，而当外界条件不同时，上述受剪切的对象有可能产生截然不同的变形模式：一种是平缓的变形，可描述成一个持续的土颗粒之间的接触摩擦变形的过程；另一种则是剧烈快速的变形，以短促的无弹性的土体颗粒碰撞变形为主要特征。高黏性、近乎不可压缩的泥石流体是由悬浮在水中的泥沙及黏土构成的两相体，它能够有效地促成土颗粒之间内部的摩擦及碰撞。而在上述液相与颗粒相相互作用的同时，彼此之间存在着能量的交换，即固体颗粒的振动动能及孔隙流体的压力势能转化为松散物质的起动动能，进而汇入泥石流流通区，增强了泥石流的危害性。Iverson 认为，在上述过程中，由于碎屑体局部或整体受剪切发生收缩，产生的超孔隙水压力在泥石流起动中起到了关键的作用。现实当中的泥石流运动一般包括如下过程：起始于堆积块体，该块体的含水量饱和或过饱和时，由于受到扰动产生局部的液化进入流体状态，在惯性力的作用下形成泥石流运动，后因阻力的影响又堆积成堆积体。本书采用了平均深度物理方程来描述泥石流的运动，针对于书中的泥石流实验，该方程以适当的孔隙压力分布为前提，能够较好地预测非稳定的、非均匀的泥石流运动。

Iverson（1997）通过野外观测、室内试验及理论分析认为：滑坡转换为泥石流运动一般要经历三个过程：首先，斜坡上的土体、岩体或者是沉积物内部发生大范围的库伦剪切破坏；而后，当上述的堆积物饱和或过饱和时受到扰动，孔隙水压力骤然升高，导致土体内局部或整体的液化；最后，滑坡的平动动能转化为土体内部的震动动能。Iverson 认为上述的三个过程是可以分别独立起来进行分析的，然而大多数情况下，上述三个过程几乎是同时发生的。本书指出以前的学者在基于宾汉模型，对泥石流形成的上述三个相互作用的过程进行过研究，然而，宾汉模型在模拟土性方面，太过于简单。针对该问题，Iverson 建立了堆积体的力学性质与其内部的孔隙压力及颗粒温度之间的关系，以一维半无限土坡模型量化分析了孔隙压力及颗粒温度在库伦剪切破坏到土体液化过程中起到的影响作用；试验发现了一些在一维半无限边坡分析中忽略的复杂问题，并且通过现场试验证明了泥石流至少有两种明显的运动模式。模式 1：滑坡与泥石流的发生几乎是同时进行的，当土体发生破坏滑坡时，贯穿整个土体的孔隙压力会急剧上升，导致土体的液化，土体发生滑坡的同时随机产生土体液化造成泥石流；模式 2：土体一开始破坏速度很慢，土体只是部分液化，首先产生滑坡，在滑坡过程中由于其平动的动能转化为颗粒间的温度势能而产生泥石流运动。

二、水动力模式启动机理

水动力类泥石流是由沟道中的泥沙主要在强大水流作用下而启动形成的泥石流。康志成等（2004）将其形成过程划分成六个阶段：泥石流开始起动→出现推移质运动→出现悬移质运动→出现中性悬浮质运动→出现层移运动→悬移质运动消失，并对每个阶段的特征进行了描述，但没有对每个阶段的动力过程进行描述。日本、中国和苏联等国家的学者对水动力类泥石流启动的动力过程进行了研究，其中代表性的研究体现在以下几个方面。

Takahashi（1978）针对日本的泥石流特性，认为坡面径流是激发泥石流运动的主要因素之一，推导了泥石流的物质补给方式及补给物起动条件。由于降雨的作用，在坡度为θ的地面或溪沟内会形成径流（图 3-1）。图中h_0为地表径流水深，D为地表水以下的松散堆积物深度，ι为作用在水体及松散固体物质中剪切力，τ_L为土体颗粒间的摩擦阻力，a_L为外部作用的剪应力与抗剪力相等时的土体深度。

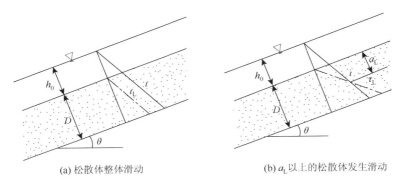

(a) 松散体整体滑动   (b) a_L以上的松散体发生滑动

图 3-1 剪切力分布示意图

在图 3-1（b）中，只有当a_L大于堆积体中具有代表性的颗粒直径时，在水体的携带作用下发生颗粒流动，形成泥石流。基于图中的两种滑动模式，作者给出了两种泥石流运动时的临界坡度角。

a 类滑动条件：

$$\tan\theta \geqslant \left\{ \frac{c_*(\sigma-\rho)}{[c_*(\sigma-\rho)+\rho]} \right\}\tan\phi \qquad (3\text{-}1)$$

b 类滑动条件：

$$\frac{c_*(\sigma-\rho)}{c_*(\sigma-\rho)+\dfrac{1+h_0}{d}}\tan\phi \leqslant \tan\theta < \frac{c_*(\sigma-\rho)}{c_*(\sigma-\rho)+\rho}\tan\phi \qquad (3\text{-}2)$$

式中，c_*和σ分别为松散堆积体中细颗粒的单位体积含量和密度；ρ为流体的密度；ϕ为内摩擦角。随后，Takahashi（1980）认为高细粒含量的泥石流在运动过程中势必会引起颗粒间的碰撞，因此临近的剪切层的颗粒存在着动量的交换，他引入了 Bagnold 的分散应力及泥石流中的颗粒含量c_d，并基于水和颗粒的质量守恒分析了稳态均质的泥石流运动特性，认为该状态下的泥石流在横断面上的平均流速是可认定为常数的；将流速U视为常数，引入泥石流中的细粒含量因素c_d后，高桥堡又对泥石流的形成过程进行了数学描述：当满足$a_L > 0$，则泥石流对松散体的侵蚀有效，侵蚀量的增加有利于龙头涌浪高度的增加，且龙头的涌浪高度要渐趋于半稳定状态，该过程的判定条件为

$$c_d < \frac{\rho\tan\theta}{(\sigma-\rho)(\tan\phi-\tan\theta)} = c_{d\infty} \qquad (3\text{-}3)$$

式中，$c_{d\infty}$ 为泥石流的半稳定状态时对应的颗粒含量。式（3-3）说明，当 $c_d < c_{d\infty}$ 时，$a_L > 0$，表示水体对堆积体产生有效的侵蚀。泥石流趋于半稳定状态时的临界条件则相应的为

$$c_d = \frac{\rho\tan\theta}{(\sigma-\rho)(\tan\alpha-\tan\theta)} \qquad (3\text{-}4)$$

式中，α 为颗粒间的动摩擦角，上述的几种临界条件和关于泥石流流速为常数的假定同时为书中的试验所验证。本书关于堆积体进入运动的条件研究对于解释和分析石质河床或非黏性在一定水深的作用下进入运动，形成泥石流是很有意义的。

在分析了泥石流形成条件及泥石流流动过程中的发展趋势后，Takahashi（1980）着手研究泥石流龙头处的漂砾积累的形成机理。在本书中，漂砾在泥石流龙头的积累过程可以概括为粒径相对较大的砾石起动→沉积→再起动，周而复始的累积运动，即在龙头处，上部的运动速度比下部得快，粒径相对较大的颗粒漂浮在龙头上部翻滚前进而后沉积，当比沉积处周围的颗粒粒径大时，在后续流搬运的作用下又会重新发生搬运（由于后续流速度要高于龙头，故大粒径碎屑集中到了龙头处），在龙头处，粒径小的处于龙头的下部，书中对这种"反级配"式的泥石流运动及龙头处的漂砾积累过程进行了在一定假定条件下的数学描述。描述对象的范围（图 3-2）：d_1 的球形颗粒在周围直径为 d_m 球形颗粒（$d_1 > d_m$），各颗粒间距假定为 s；外部环境：稳态均质流体；d_1 球体的运动范围：y 方向上的运动。图中，粒径为 d_1 的球形颗粒在 y 方向上的运动方程为

$$\frac{\pi}{6}d_1^3\left\{\sigma+\frac{1}{2}\left[(\sigma-\rho)c_d+\rho\right]\right\}\frac{d\upsilon}{dt} = -F_1 - F_2 + F_3 - F_4 \qquad (3\text{-}5)$$

式中，υ 为 d_1 颗粒沿 y 方向上的运动速度；F_1 为 d_1 颗粒沿 y 方向上的淹没重力分量；F_2 与 F_3 分别为距离河床底部 $y+d_1+s$ 及 y 处的消散应力；F_4 为拉力。式（3-5）进行变换后可以得到 d_1 颗粒沿 y 方向上的运动速度的定量表达公式：

$$\frac{\upsilon^2}{gd_m} = \frac{4}{3}\frac{1}{c_d}\frac{(\sigma-\rho)\cos\theta}{\left[(\sigma-\rho)c_d+\rho\right]}|K| \qquad (3\text{-}6)$$

$$K = r^{\frac{1}{3}}\left[\frac{2}{1+r}\frac{\left(0.5r^{\frac{1}{3}}+0.5+\lambda^{-1}\right)^2\left(r^{\frac{1}{3}}+\lambda^{-1}\right)^3}{\left(1+\lambda^{-1}\right)^5}-1\right] \qquad (3\text{-}7)$$

式（3-5）和式（3-6）表明，当 $d_1-d_m=A>0$，A 越大，则向上的速度越大；当 $d_1-d_m=A<0$ 时，向下的速度则很小。本书通过试验对上述的理论进行验证，试验与理论的 d_1 颗粒位置与时间的关系曲线趋势较为一致，很好地印证了上述数学

描述公式。

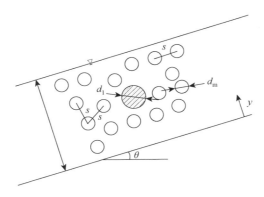

图 3-2　泥石流中典型粒径的排列示意图

　　王兆印和张新玉（1989）通过对云南蒋家沟某处泥石流的录像研究发现，粗大碎屑沉积物进入水流形成泥石流主要与浑水绕流产生的拖拽力、冲击力和能量传递作用有关；另外，泥浆浆体的屈服应力对泥石流的形成及携带碎屑的能力起到重要的作用。针对上述问题，王兆印采用 8.7cm×10cm×10cm 的有机玻璃水槽（沟道坡降 $J \in [0,\ 0.2]$）进行了试验。用 10cm 厚的卵石铺在水槽底部，分别用清水或变浓度的泥浆从上游放入，流量采用电磁流量计进行控制；在槽尾分别取泥石流龙头及后续流的样品来分析两者中夹带的卵石含量；在水槽侧面采用定时快速照相测卵石和染色质点的速度，能够得到速度的分布。试验结果分析主要分为两个部分：①泥石流形成的条件；②泥石流的运动机理。对于①部分：王兆印基于试验结果得出了泥石流起动的条件判定公式：

$$rqJ \geqslant K_{c} \tag{3-8}$$

式中，r 为液相的容重；q 为单宽流量；J 为坡降；rqJ 表征单位时间内液相相对流动提供的能量；K_{c} 则表示激发大卵石加入运动形成泥石流的最小能量，且随泥浆浓度而发生变化。②部分的研究重点放在了泥石流龙头的形成、发展，龙头处卵石的含量、运动速度及龙头处卵石堆积的机理。王兆印通过试验分析发现，粒径较大的卵石集中在泥石流的龙头处，在液相的冲击作用下，卵石之间相互碰撞、摩擦并翻滚前进，消耗大量的动能，同时控制着后续流的不离散性。通过高速摄像分析，后续液相流速显著大于龙头，并为龙头的前进提供动能。大卵石在运动中受到液相流的推动力较大，而且受到的碰撞阻力小，比龙头运动快，进而产生大卵石不断集中于龙头处的现象。

　　Cтепанов 认为泥石流流量、泥石流混合物的液相成分以及固体组成的粒度成分在时间和空间上的不断变化是泥石流形成过程的重要特征，探讨了形成泥石流的临界条件，包括高容重泥石流混合物存在的临界条件和泥石流启动的临界流量条件。

对于高容重泥石流混合物存在的临界条件，作者认为可用滑动-搬运型及侵蚀-滑动型两种模式来描述，并给出了两种临界模式的第一临界角 α_1 确定公式：

$$\tan\alpha_1 = \tan\frac{(\rho - \rho_0)(1-\varepsilon)}{\rho(1-\varepsilon) + \rho_0\varepsilon}\tan\varphi_{\mathrm{M}}^* \qquad (3\text{-}9)$$

式中，ρ 和 ρ_0 分别为松散碎屑块和水体的容重；ε 为松散碎屑体的孔隙率；φ_{M}^* 为湿润岩土体的内摩擦角。式（3-8）能够确定松散体起动的条件，但是泥石流混合物的容重问题尚待解决，因此，本书依据动量守恒定理建立了单位体积的泥石流混合物运动的能量方程：

$$\rho_0 g V_{\mathrm{T}} H_0 \sin\alpha + \rho_{\mathrm{T}} g V_{\mathrm{T}} \sin\alpha = (\rho_{\mathrm{T}} - \rho_0)g H_{\mathrm{T}} \cos\alpha V_{\mathrm{T}} \tan\varphi_{\mathrm{M}}^* \qquad (3\text{-}10)$$

$$V = V_{\mathrm{T}} + V_0 \qquad (3\text{-}11)$$

式中，ρ_{T} 和 ρ_0 分别为碎屑体及流体的容重；V、V_{T} 和 V_0 分别为液相的绝对速度、固相相对于河床的运动速度和液相相对于固相的流动速度；H_{T} 为松散体的堆积厚度；H_0 为液相的深度；α 为坡度角。联立式（3-9）和式（3-10），并进行相应的变换可以得到以 α 为自变量的泥石流混合物临界容重 ρ_{c} 的函数表达式：

$$\rho_{\mathrm{c}} = \frac{\dfrac{V_{\mathrm{T}}}{V_0 + V_{\mathrm{T}}}\rho_{\mathrm{T}} H_{\mathrm{T}} + \rho_0 H_0}{\dfrac{V_{\mathrm{T}}}{V_0 + V_{\mathrm{T}}} H_{\mathrm{T}} + H_0} \qquad (3\text{-}12)$$

本书依据式（3-11），给出临界容重与坡度的关系曲线图（当 $V_0 = V_{\mathrm{T}}$，$\rho_{\mathrm{T}} = 2650\mathrm{kg/m^3}$，$\tan\varphi_{\mathrm{M}}^* = 0.67$），可以看出，$\rho_{\mathrm{c}}$ 随坡度呈单调递增的趋势。故根据两者的对应关系，在泥石流形成模型中，流体的运动阻力取决于库仑摩擦力，这种模型不容许较小坡度上有较高容重的泥石流存在。

对于泥石流启动的临界流量条件，作者认为水流流量的日常值大于其临界值，是形成高容重泥石流混合物的重要条件。作者认为水流量越大，对泥石流形成的条件就越有利，为此作者给出了临界流量的表达式：

$$H_{0\mathrm{kp}} = K D_{\partial\phi} \qquad (3\text{-}13)$$

式中，$K = K(\varGamma)$ 是与泥石流的岩块粒度成分有关的一个系数；$D_{\partial\phi} \in (d_{\mathrm{kp}} - d_{\max})$ 为有效粒径；d_{kp} 和 $d_{\max}$ 分别为临界有效粒径和一次泥石流过程中的最大颗粒的粒径。该公式表明，只要满足式（3-12），即水流的水位高程不超过上临界值，泥石流过程就有可能加强稳态的性质。

上述关于水动力类泥石流起动模式的研究，是在一定假定条件的基础上，采用泥石流流动系统的守恒定理（质量守恒或能量守恒）建立起描述该类泥石流起动临界条件、发展模式的物理数学方程，并能够通过试验进行有效地验证。然而，相比于自然界真实的泥石流，这些描述泥石流起动临界条件或运动特性的数学方程仍然过于简化。例如，高桥堡基于质量守恒定理在书中建立的泥石流形成的数学方程，就忽略了由于水的入渗而造成的水体质量的损失。

因此，泥石流形成机理研究虽然已取得了一定进展，但仍未获得实质性的突破，其研究成果尚难以直接应用于泥石流预报中。因此，急需深入开展泥石流形成机理研究，为泥石流预报提供坚实的理论基础。

第二节 泥石流发生与降水间的统计规律

在泥石流形成机理尚不能支撑泥石流预报的情况下，基于统计分析的泥石流预报便成为主要的泥石流预报方法。统计预报的主要理论基础便是泥石流的发生与降水间的统计规律，现根据国内外的相关研究，将该统计规律进行归纳和总结。

一、泥石流的发生与降水量间的关系

泥石流的发生与降水量间的关系密切，其中包括前期降水量和当日降水量。当日降水是激发泥石流的直接降水，对泥石流的形成起到关键作用，但前期降水对泥石流的形成也具有重要作用，对直接激发泥石流的当日降水量的临界值具有重要影响。国内外对其进行了较多的研究，为泥石流的预报提供了重要参考依据。

崔鹏等（2003）根据蒋家沟实测降水资料，结合泥石流观测，分析泥石流形成的降水组成和前期降水对泥石流形成的影响，发现雨季不同时期土体含水量差异较大，而且在不同时期激发泥石流的短历时雨强也不同，通过实测确定出该流域前期降水量的衰减系数为0.78，在此基础上应用主因素分析法对26场泥石流的降水资料进行分析，发现前期降水在影响泥石流的各项降水指标中贡献率超过80%。

姚学祥等（2005）利用1949~2003年的地质灾害资料和气象资料，分析了我国滑坡泥石流等地质灾害的时空分布特点及其与降水的关系，指出我国地质灾害的发生在空间上具有广域性、地域性和局地性，在时间上具有季节性、夜发性和年际变化等特点，这些特点与降水量分布的关系非常密切，说明降水是滑坡、泥石流等地质灾害的主要激发因子。进一步研究表明：降水诱发地质灾害可归纳为三种概念模型，即当日大降水型、持续降水型、前期降水型。

谭万沛（1989）采用聚类分析方法，对35条泥石流沟的临界水量线进行讨论，

找出了它们的分布规律。主要依据泥石流沟观测的水量资料、部分气象站、水文站的水量资料，计算出雨强和实效水量，并制作成水量等值线图。根据水量等值线图，泥石流沟的临界水量线呈阶梯状分布，其趋势与泥石流的规模和性质无关，与泥石流沟的流域面积、主沟长度、相对高差和主沟床平均比降等因子关系并不密切；而与泥石流形成区的山坡坡度和泥石流发生频率较为密切，特别是与泥石流提供固体物质的方式最为密切。

Corominas 和 Moya（1999）通过对西班牙东比利牛斯山 Llobregat 河上游的近期滑坡和泥石流灾害事件的重建，并利用设在流域内的两个雨量计的雨量记录分两种降水模式对滑坡和泥石流活动与诱发降水间的关系进行了分析研究。如果无前期降水，高强度短历时降水主要在崩积层和强风化的岩层区域诱发泥石流和浅层滑坡，其临界水量为 24h 降水量达到 190mm 左右，而要大面积诱发浅层滑坡则需要 24～48h 降水量超过 300mm；如果有前期降水，中等强度的降水（24h 降水量至少达到 40mm）便可在黏土和粉砂质黏土地层引发泥石流和滑坡。

Wilson 和 Jayko（1997）利用对美国旧金山湾地区 1982 年 1 月 3～5 日暴雨触发的 18000 处滑坡泥石流的系列研究资料，通过重新评估以前的统计分析数据以及相对应的雨量计的历史降水记录，对该区域激发泥石流的临界降水量值进行估算。在这个估算中考虑了降水的频率，即平均年降水日数，从而校准了迎风坡和背风坡以及河谷间的降水频率差异。

二、泥石流发生与降水强度和降水持续时间的关系

降水强度对泥石流形成的影响虽然巨大，但仅有短时的高强度降水也很难激发泥石流的形成，一般还需要一定的持续降水时间的配合。因此，国内外许多学者对泥石流发生与降水强度和降水持续时间的关系进行了研究。国际上具有代表性的研究如下。

Caine（1980）利用公开发表的 73 个由降水诱发的泥石流/浅层滑坡事件的观测资料，对引发泥石流的降水强度和持续时间进行了统计分析，给出了激发泥石流的降水强度和持续时间临界条件，并使用极限曲线来表现这个临界条件。

$$I=14.82D^{-0.39} \tag{3-14}$$

式中，I 为降水强度（mm/h）；D 为降水持续时间（h）。

Wieczorek（1987）以加利福尼亚拉宏达（La Honda）镇附近的一个 $10km^2$ 的区域为研究区，对 1975～1984 年 10 场暴雨引发的 110 个泥石流的观测数据进行统计分析，得出了引发泥石流的降水强度与持续时间的关系如下：

$$D=0.90/(I-0.17) \tag{3-15}$$

式中，D 为降水持续时间（h）；I 为降水强度（cm/h）。

Aleotti（2004）以意大利西北部 Piedmont Region 为例，选择该区域 1994～2000 年的 4 次典型降水事件及其引发的滑坡和泥石流事件，分析了降水与滑坡和泥石流发生间的关系。根据降水强度和降水持续时间与灾害事件间关系分析，确定其临界条件为

$$I=19D^{-0.50} \tag{3-16}$$

式中，I 为降水强度（mm/h）；D 为降水持续时间（h）。

根据对归一化（对年降水量和平均年降水量）降水强度和降水持续时间与灾害事件间的关系分析，确定了其临界条件为

$$NI_{AP}=0.76D^{-0.33} \tag{3-17}$$

$$NI_{MAP}=4.62D^{-0.79} \tag{3-18}$$

式中，NI_{AP} 为对年降水量归一化的降水强度（%）；NI_{MAP} 为对平均年降水量归一化的降水强度（%）。

国内学者对降水强度的研究多偏重于 10min 雨强，如晋玉田（1999）根据攀西地区泥石流灾害事件及其诱发灾害的降水资料，对激发泥石流的 10min 雨强进行了研究。研究结果表明，当 10min 雨强达到 10mm，在其半小时内激发泥石流的占 68.4%。认为 10min 雨强与泥石流的发生间具有十分紧密的关系。陈景武（1990）的研究认为 10min 雨强是泥石流暴发的激发动力，根据云南东川蒋家沟数百次降水过程中的近百次激发泥石流的 10min 雨强和相应的前期水量建立了降水泥石流沟激发泥石流临界水量的判别式：

$$R_{i10} \geqslant AR_{i10} - B(P_{a0}+R_t) \geqslant CR_{i10} \tag{3-19}$$

式中，R_{i10} 为激发泥石流所需的 10min 雨强；AR_{i10} 为无前期降水量条件下激发泥石流所需的 10min 雨强；CR_{i10} 为前期降水量已使土体饱和条件下激发泥石流所需的 10min 雨强；P_{a0} 为前期间接降水量；R_t 为前期直接降水量。

三、泥石流发生与降水气候特征间的关系

泥石流在全球山区的分布极其广泛，从多年平均降水量仅 300mm 左右的干旱、半干旱地区到多年平均降水量高达 2000～3000mm 的湿润地区均有泥石流分布，多年平均降水量的差异高达近 10 倍。尽管下垫面条件差异不大，但不同气候区内引发泥石流的临界降水量却有显著的差异。这种差异必然与降水特征存在紧密联系。为了揭示引发泥石流灾害的降水量与降水特征间的关系，我们选择了我国东南地区（包括浙江、福建和广东三省）为例，对此进行了探

讨（韦方强等，2010）。

（一）东南地区概况

东南地区位于东经109°27′～122°42′，北纬20°14′～30°54′范围内，包括浙江、福建和广东三个省，总面积为42.92×10⁴km²（图3-3）。

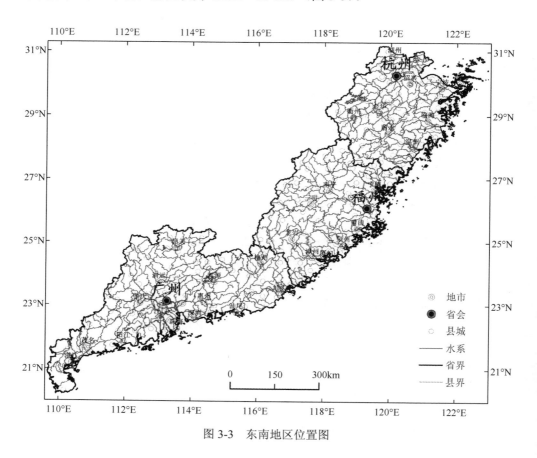

图 3-3　东南地区位置图

1. 地貌

东南地区位于中国东南沿海，处于中国三大地貌阶梯的最低一级。区内低山丘陵广布，仅沿海分布有少量平原，海拔多在500m以下，最高海拔为2158m（武夷山主峰黄岗山）（图3-4）。低山丘陵面积占全区面积的三分之二以上，主要由闽浙丘陵和岭南丘陵构成。闽浙丘陵主要分布在福建省和浙江省南部，因受燕山期强烈的地壳运动影响，断裂褶皱发育，岩浆的侵入和喷发普遍，在地形上表现为山岭连绵，丘陵广布，有少量的平原和山间盆地散布其中。闽浙丘陵有两列与海岸线平行的山岭构成地形骨架，西边一列以武夷山为骨干，向东北与浙江省的仙霞山、会稽山相连，平均海拔达 1000m 以上，山地主要由古老的变质岩系和古生界地层所组成，东边一列由西南向东北由博平岭、戴云山、洞宫山、括苍山和天台山构成，平均海拔为 800m 左右，山地主要由火山岩和花岗岩组成。岭南丘陵主要分布在广东省北部和福建省南部，多为花岗岩丘陵，外形浑圆，球状风化明显。

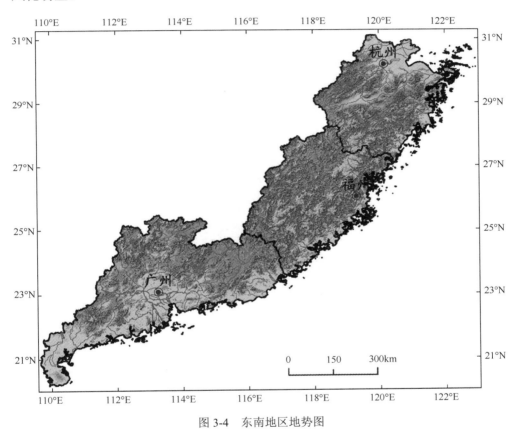

图 3-4　东南地区地势图

2. 地质

　　研究区位于欧亚大陆东南缘，地壳结构复杂，构造活动频繁，是太平洋板块、菲律宾板块与欧亚板块的交接部位，板块之间的相互作用对该区的地貌产生了巨大的影响（赵平等，1995）。历史上经历了多次强烈的构造运动，呈现多期构造相互叠加的复合构造格局，其中加里东运动影响最大。加里东运动在华南沿海形成北北东向近似平行于海岸线的褶皱山地，印支运动进一步使其褶皱作用加剧（任纪舜，1984）。两大板块强烈的挤压作用在区内高度集中，促使地表急剧抬升，形成了东南地区的丘陵地形。印支运动进一步使其褶皱作用加剧。闽粤地区断裂相对发育、活动强度较大。这些断裂总体呈北东向展布，由几条大致与海岸线平行的断裂组成，在这些断裂的边缘形成串珠状盆地（胡惠民和沈永坚，1990）（图3-5）。

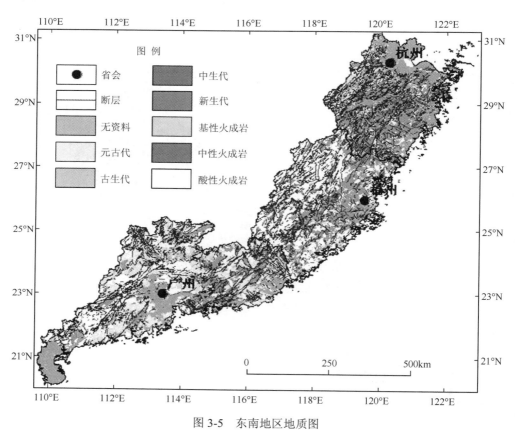

图 3-5 东南地区地质图

强烈的构造运动造成大量的岩浆侵入和火山活动，使区内分布着大量的中生代中酸性侵入岩和火山岩，其中火山岩覆盖了浙江省和福建省东部的大部分地区。山间盆地和河谷盆地中有红色砂岩和石灰岩分布，沿海沿河地区多为第四纪沉积层。

3. 气候

研究区属于东亚季风区，除广东省南部属热带气候外均为亚热带气候。气温由北向南逐步升高，北部的浙江省年平均气温为15～18℃，中部的福建省年平均气温为20.1℃，南部的广东省年平均气温达到19～24℃。研究区降水量丰沛，由北向南逐渐增多，由沿海向山地逐渐增多。浙江省年平均降水量为 980～2000mm，福建省年平均降水量为 1400～2000mm，广东省降水量最为丰富，年平均降水量达 1300～2500mm。研究区降水在年内分配极为不均，4～10 月降水量占全年降水量的 85%以上，因受梅雨锋系和台风影响，每年的降水量有两个高峰，一个是在 5～6 月，另一个在 8～9 月。研究区受台风影响严重，绝大部分台风在研究区登陆，台风登陆往往造成极端降水，是本区诱发泥石流灾害的主要降水形式。

4. 泥石流分布

根据目前查明的资料，泥石流在三个省内均有分布，以浙江和福建两省最为集中（图 3-6）。泥石流在浙江省内集中分布在浙西山地和浙南山地，其中分布最集中的包括温州、丽水衢州和金华等市。在福建省的分布较为普遍，除东部沿海平原区无泥石流分布外，所有山地丘陵区均有泥石流分布。在广东省内的分布相对较少，主要集中在粤北山地。

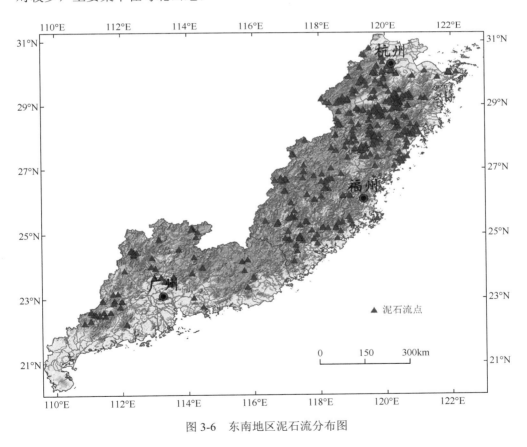

图 3-6　东南地区泥石流分布图

在地貌单元上，泥石流主要分布在闽浙丘陵和南岭。在闽浙丘陵地区，泥石流主要分布在雁荡山—大姥山、括苍山—洞宫山—戴云山—博平岭、龙门山—仙霞山—武夷山。在南岭地区，泥石流主要分布在瑶山和九连山。在广东省东南部的云雾山地区也有较多泥石流分布。

因受季风气候影响，东南地区泥石流主要分布在夏季（5~10月），其中在6月和8月出现两个峰值。梅雨和台风的高强度降水是6月和8月泥石流多发的主要原因。

（二）泥石流灾害事件及其相关降水资料

1. 泥石流灾害事件

东南地区泥石流暴发频率较低，记载的有准确发生时间和地点的泥石流灾害事件较少。本书收集整理了研究区该类泥石流灾害事件46起（表3-1），并整理分析了引发这些灾害事件的降水资料。

这些灾害事件主要发生在1982~2007年，且大部分在1997~2007年，其中福建省的灾害事件16起，浙江省16起，广东省14起。

表3-1　泥石流事件一览表

序号	流域名称	行政区	经度/（°）	纬度/（°）	发生日期	序号	流域名称	行政区	经度/（°）	纬度/（°）	发生日期
1	三阜大洋	福建尤溪	119.31	26.72	2007-8-20	17	矾山	浙江苍南	120.4	27.34	2007-8-19
2	福林洋	福建宁德	119.74	26.79	2007-8-19	18	石垟	浙江文成	119.85	27.86	2005-9-2
3	洋中大洋	福建宁德	119.31	26.72	2007-8-20	19	大乐村	浙江富阳	119.63	30.06	1991-9-17
4	焦头	福建宁德	119.67	26.62	2007-8-20	20	黄洋	浙江青田	120.35	28.3	1996-8-2
5	掩树坑	福建漳州	117.14	24.04	2006-5-18	21	岩下村	浙江景宁	119.61	27.9	1992-8-31
6	龟潭	福建宁德	119.07	26.89	2006-6-7	22	叶坑村	浙江景宁	119.56	27.97	1992-8-31
7	下洋尾	福建三明	118.39	26.17	2006-6-8	23	新建洋	浙江景宁	119.38	27.72	1998-6-22
8	渠许源头	福建三明	117.36	26.82	2005-6-22	24	下马沙	浙江青田	120.38	28.21	2007-9-19
9	料坊	福建三明	117.01	26.92	2005-6-21	25	底石亭	浙江缙云	120.27	28.49	1996-8-1
10	里坑	福建三明	117.13	26.95	2005-6-21	26	溪下	浙江仙居	120.9	28.83	2004-8-12
11	坪阳	福建南平	118.05	26.97	2005-6-21	27	舟山头	浙江乐清	121.15	28.41	2007-10-7
12	上茶坑	福建宁德	119.62	27.2	2005-6-21	28	上山村	浙江乐清	121.04	28.4	2004-8-13
13	石呈东	福建南平	118.58	27.03	2005-6-23	29	石碧岩	浙江乐清	121.04	28.42	2004-8-13
14	东溪	福建南平	118.17	26.66	2005-5-14	30	分水关	浙江苍南	120.3	27.46	2005-7-19
15	沈坑	福建罗源	119.51	26.48	2007-8-19	31	白岩山	浙江乐清	121.06	28.42	2004-8-13
16	杨厝后洋	福建南平	118.35	26.48	2005-6-23	32	昌化	浙江临安	119.21	30.17	2005-9-3

续表

序号	流域名称	行政区	经度/(°)	纬度/(°)	发生日期	序号	流域名称	行政区	经度/(°)	纬度/(°)	发生日期
33	白龙水	广东清远	112.94	24.00	1987-3-22	40	石咀	广东从化	113.31	23.57	1997-5-8
34	园径	广东和平	115.16	24.57	2007-4-23	41	寨岗	广东连南	112.35	24.48	1997-7-3
35	杉木岭	广东南雄	114.14	25.24	1991-9-7	42	大麦山	广东连南	112.29	24.5	1997-7-3
36	塘坑	广东南雄	114.14	25.17	1991-9-7	43	佛冈	广东化良	113.73	23.72	2001-6-11
37	塘村	广东信宜	110.8	22.32	1986-5-11	44	锡场	广东东源	114.44	23.99	1995-6-17
38	联丰	广东花都	113.31	23.58	1997-5-8	45	葛坪村	广东南雄	114.16	25.2	1991-9-7
39	内莞	广东连平	114.55	24.37	2006-7-16	46	梯下村	广东乳源	113.14	24.87	1982-5-2

2. 降水资料

引发泥石流灾害事件的降水资料包括灾害发生当日降水量、发生前 1～15 日降水量。根据这些资料，又整理分析出泥石流发生的当日降水量、3 日降水量、5 日降水量和 15 日降水量，这 4 个降水量是引发泥石流灾害的最直接的降水因素。因 3 日降水和 5 日降水距离泥石流发生时间较近，未做衰减处理，而 15 日降水量按照下式作了衰减处理。

$$P=P_0+P_1K+P_2K^2+P_3K^3+\cdots+P_{14}K^{14} \qquad (3\text{-}20)$$

式中，P 为 15 日降水量；P_0 为当日降水量；P_1，P_2，P_3，$\cdots$，P_{14} 分别为前 1～14 日的日降水量；K 为衰减系数，这里的取值为 0.8。

降水特征参量包括研究区多年平均年降水量、雨季降水量、旱季降水量、年暴雨雨量、场均暴雨雨量以及最大暴雨雨量等。首先利用各气象测站近 30 年的观测数据内插分析出以上各降水特征参量的分布图，再根据 46 起泥石流灾害事件发生位置的地理坐标在各分布图上确定各降水特征参量的值。本书中使用的所有降水观测数据均由国家气象中心提供[1]。

（三）泥石流活动与降水特征间关系分析

1. 泥石流活动与多年平均降水间的关系

泥石流一般由异常降水引发，那么这些异常降水与多年平均降水量间是否存在一定的关系呢？这里利用分析获得的引发 46 起灾害事件的降水量数据和各灾害事件发生点的降水特征数据，分析了当日降水量、3 日降水量、5 日降水量和 15 日降水量分别与多年平均年降水量、雨季降水量、旱季降水量间的相关关系。分析结果显示，当日降水量、3 日降水量、5 日降水量和 15 日降水量与多年平均

---

[1] 国家级气象资料存储检索系统。

年降水量、雨季降水量间均没有明显的相关性，但除当日降水量以外其余各量均与旱季降水量间存在明显的相关性（图 3-7）。根据图 3-7，这种相关性可以用多项式函数描述。分别用 2 次多项式和 3 次多项式函数对其相关关系进行了函数拟合和检验，拟合的函数形式和检验结果列于表 3-2。

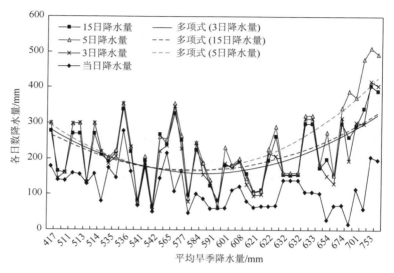

图 3-7　各日数降水量与平均旱季降水量间的关系

表 3-2　各日数降水量与平均旱季降水量间函数关系拟合结果

降水日数	函数类型	确定性系数 R^2	F 值	显著性水平	常数项	一次项	二次项	三次项
3 日降水量	2 次多项式	0.2499	7.161	0.002069	1814.012	−5.723	0.0050145	
	3 次多项式	0.2729	8.069	0.001058	756.705	0.000	−0.005103	5.8492×10^{-6}
5 日降水量	2 次多项式	0.4566	18.063	0.000002	2298.404	−7.673	0.0069713	
	3 次多项式	0.4789	19.757	0.000001	871.181	0.000	−0.006513	7.7547×10^{-6}
15 日降水量	2 次多项式	0.3133	9.809	0.000309	1685.703	−5.345	0.0047576	
	3 次多项式	0.3348	10.821	0.000156	694.241	0.000	−0.004659	5.4273×10^{-6}

2. 泥石流活动与暴雨间的关系

研究区内绝大部分泥石流由暴雨诱发，泥石流活动又与多年平均的暴雨发生情况间存在什么关系呢？这里再对诱发泥石流的当日降水量、3 日降水量、5 日降水量和 15 日降水量与年均暴雨雨量、场均暴雨雨量以及最大暴雨雨量间的关系进行分析。分析结果显示，当日降水量与场均暴雨雨量和最大暴雨雨量间存在一定的线性相关性（图 3-8 和图 3-9）；3 日降水量、5 日降水量和 15 日降水量都只与年均暴雨量间存在一定的线性相关关系（图 3-10）。根据图 3-8 和图 3-9，当日降水量与场均暴雨雨量、最大暴雨雨量间的关系可以用线性函数描述。根据图 3-10，3 日降水量、5 日降水量、15 日降水量与年均暴雨雨量间的关系可以用多项式函数描述。用线性函数对当日降水量与场均暴雨雨量、最大暴雨雨量间函数关系的拟合结果和检验结果列于表 3-3，用多项式函数对 3 日降水量、5 日降水量、15 日降水量与年均暴雨量间函数关系拟合结果和检验结果列于表 3-4 中。

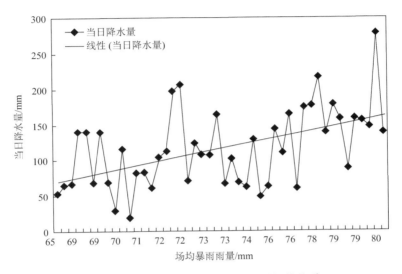

图 3-8　当日降水量与场均暴雨雨量间的关系

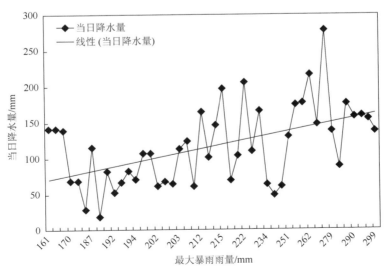

图 3-9　当日降水量与最大暴雨雨量间的关系

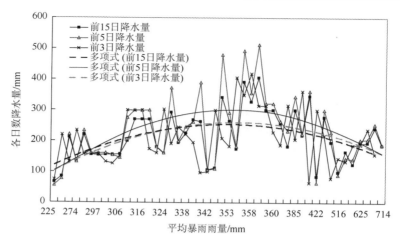

图 3-10   各日数降水量与年均暴雨雨量间的关系

表 3-3   当日降水量的函数拟合结果

项目	函数类型	确定性系数 R^2	F 值	显著性水平	常数项	一次项
场均暴雨雨量	线性	0.2679	16.099	0.000230	−421.415	7.312
最大暴雨雨量	线性	0.2400	13.897	0.000548	−36.147	0.684

表 3-4   不同日数降水量与年均暴雨雨量间函数拟合结果

降水日数	函数类型	确定性系数 R^2	F 值	显著性水平	常数项	一次项	二次项	三次项
3 日降水量	2 次多项式	0.1525	3.869	0.028499	−277.596	2.340	−0.002557	
	3 次多项式	0.2500	4.667	0.006661	−1426.028	10.827	−0.022455	$1.4686×10^{-5}$
5 日降水量	2 次多项式	0.1449	3.644	0.034528	−333.640	2.751	−0.003026	
	3 次多项式	0.2767	5.356	0.003248	−1964.227	14.802	−0.031279	$2.0852×10^{-5}$
15 日降水量	2 次多项式	0.1559	3.972	0.026122	−239.540	2.168	−0.002357	
	3 次多项式	0.2952	5.865	0.001937	−1487.821	11.393	−0.023986	$1.5963×10^{-5}$

3. 分析结果

通过上述分析，诱发泥石流的当日降水量与场均暴雨雨量、最大暴雨雨量线性相关，但根据表 3-3 中的检验结果，当日降水量与场均暴雨雨量间的相关性较好，显著性水平达到 0.00023，其函数关系如下：

$$P_0=7.312P_s-421.415 \tag{3-21}$$

式中，P_0 为当日降水量；P_s 为场均暴雨雨量。

3 日降水量、5 日降水量和 15 日降水量与多年平均旱季降水量和年均暴雨雨量有明显的相关性，并呈非线性相关。但是根据表 3-2 和表 3-5 中的检验结果，3

日降水量、5日降水量和15日降水量均与多年平均旱季降水量的相关性相对最好，显著性水平分别达到 0.001、0.000001 和 0.000156。3 日降水量与多年平均旱季降水量的函数关系如下：

$$P_3=0.0000058 P_d^3 -0.0051 P_d^2 +756.705 \qquad (3-22)$$

式中，P_3 为 3 日降水量；P_d 为多年平均旱季降水量。

5 日降水量与多年平均旱季降水量的函数关系如下：

$$P_5=0.0000077 P_d^3 -0.0065 P_d^2 +871.181 \qquad (3-23)$$

式中，P_5 为 5 日降水量。

15 日降水量与多年平均旱季降水量的函数关系如下：

$$P_{15}=0.0000054 P_d^3 -0.0047 P_d^2 +694.241 \qquad (3-24)$$

式中，P_{15} 为 15 日降水量。

根据这些分析结果，当日降水量、3 日降水量、5 日降水量和 15 日降水量与区域降水的气候背景之间有较强的相关关系，表现出较强的规律性，因此均可以作为泥石流区域预报的预报因子；但相比较之下，5 日降水量和 15 日降水量的规律性更强一些，较当日降水量和 3 日降水量作为预报因子更为合适。这些函数关系，特别是式（3-23）和式（3-24），可以用于估算研究区不同区域泥石流发生所需要的降水量。当然，要更精确地估算泥石流临界降水量还必须充分考虑下垫面条件。

（四）结论

（1）东南地区地质构造复杂，地貌类型以低山丘陵为主，降水丰沛且暴雨频繁，具备泥石流发育的基本环境。泥石流暴发频率虽然较低，但由于经济发达、人口稠密，泥石流暴发易导致严重灾害。

（2）与泥石流发生密切相关的当日降水量、3 日降水量、5 日降水量、15 日降水量中，当日降水量与多年平均场均暴雨雨量线性相关；3 日降水量、5 日降水量和 15 日降水量与多年平均旱季降水量和多年平均年暴雨雨量非线性相关。但 3 日降水量、5 日降水量和 15 日降水量与多年平均旱季降水量的相关性更好。

（3）当日降水量、3 日降水量、5 日降水量和 15 日降水量均可以作为泥石流区域预报的预报因子，但 5 日降水量和 15 日降水量作为预报因子最佳，其函数关系可以用于估算研究区不同区域泥石流临界降水量。当然，要更精确地估算泥石流临界降水量还必须充分考虑下垫面条件。

事实上，泥石流发生与降水间的统计规律仅反映了二者间的关联性，很难总结出二者间的必然联系而给出准确的定量关系，确定准确的激发泥石流发生的降水阈值，这就严重影响了泥石流预报的准确性，导致较多的漏报和误报。因为漏报的损失比误报要大得多，一般确定降水阈值时均比较保守，但在实际操作中如何寻找合理的阈值来平衡漏报和误报呢？韦方强等（2002）建立了不同损失条件下的泥石流预报模型。

第三节　泥石流成因及其分布规律

在泥石流机理预报尚难以开展，统计预报准确率难以提高的情况下，我们试图通过对泥石流的成因、分布规律等的研究，并利用泥石流形成机理和统计分析研究的成果，建立一种介于机理预报和统计预报之间的预报方法，并为其提供理论基础。

一、泥石流成因分析

对泥石流成因的研究较多，一般将泥石流的成因归纳为三大基本条件。康志成等（2004）认为泥石流形成的三个基本条件为地质条件、地形条件和水源条件。钟敦伦等（1989）认为影响泥石流形成的自然因素众多，但起决定作用的是地质、地貌、气候、水文、植被等因素，这几种因素的有机组合便构成泥石流形成的三个基本条件：丰富的松散固体物质，足够的水源和陡峻的地形。这些对泥石流成因的分析大同小异，主要从泥石流发育的环境背景条件分析其成因。

泥石流形成和运动过程主要是流域较高处的物质向较低处流动，同时较高处物质承载的势能转化成动能，使泥石流具有较高的运动速度。这里我们利用物质和能量流的角度分析泥石流的成因，认为泥石流的形成是物质条件、能量条件和激发条件相互作用的结果，也就是说泥石流的形成必须具备充分的物质条件和能量条件以及一定的激发条件。

（一）物质条件

泥石流是一种含有大量泥沙石块的复杂流体，是否具有足够的松散碎屑物质储量是决定能否形成泥石流的物质基础，是能量的载体。同时松散碎屑物质储量的多少也在一定程度上影响着泥石流形成对其他条件的需求。因此，可供泥石流形成的松散碎屑物质储量是决定泥石流形成的一个关键因素，是其物质基础。

1. 松散固体物质的来源

泥石流流域内的松散碎屑物质来源复杂，但可以归纳为以下几种来源。

1）风化层

风化层是地表经风化作用而形成的堆积层，是基岩转换成松散碎堆积层的重要方式。由于影响风化作用的因素不同和岩石抗风化能力的差异，不同区域不同基岩风化层的风化程度和厚度有较大差异。风化层薄的仅有几厘米，但厚的可达几十米，甚至百米以上。

2）崩塌和滑坡体

岩土体的崩塌和滑坡导致岩土体发生位移和破碎，可以在较短时间内形成较大方量的松散固体物质，是形成泥石流的松散碎屑物质的重要物质来源。大部分的泥石流活动与崩塌和滑坡活动有关，特别是发生在流域上游的崩塌和滑坡甚至可以在降水作用下直接转化成泥石流。

3）坡积物

坡积物是坡面较高处的基岩风化物质在重力作用下沿斜坡向下运移，堆积在山坡和坡麓的堆积物。由于坡积物主要由沙、砾、亚黏土、亚砂土等组成，结构松散，是泥石流形成的重要物质。

4）松散沉积物

在沟谷及其阶地上的松散沉积物，因其胶结差、结构松散，均可以参与泥石流活动。这些松散沉积物包括冲积物、洪积物、风积物、冰川沉积物、冰水沉积物等。以火山灰为主的火山堆积物也是泥石流形成的重要物源之一。

5）人为弃渣

人为弃渣如果处置不当也可以成为泥石流形成的物源。人为弃渣主要包括各类工程建设产生的废弃渣土、矿山开采的弃渣和尾矿等。

2. 影响松散碎屑物质储量的主要因素

由上述松散固体物质的来源可以看出，影响松散碎屑物质形成和储量的因素既有自然因素也有人为因素。

1）地层

地层是地质历史上某一时代形成的岩石，是所有松散固体物质来源的根本，因此，地层是影响松散碎屑物质形成和储量的关键因素。地层对松散碎屑物质形成的影响表现在两个方面，一个是岩性，另一个是年代。

从岩性上讲，地层包括各种沉积岩、岩浆岩和变质岩。不同岩性的岩石在其矿物成分、结构、构造、胶结物和胶结类型方面具有较大差异，正是这些差异导致不同岩石的硬度和抗风化能力具有显著的差异，从而影响松散碎屑物质形成的速度和数量。

从年代上讲，地层有老有新，具有时间的概念。对于岩浆岩和变质岩，一般来讲地层年代越古老其受到地质作用的时间越长，越容易形成松散碎屑物质。对于沉积岩，虽然年代古老的岩石容易风化，但太新的地层更容易形成松散碎屑物质，因为新地层的胶结程度和成岩程度较低，如第四纪的地层往往为非固结的堆积物。

2）地质构造

地质构造是地层和地块在地壳运动影响下产生的变形和位移行迹，反映了某种方式的构造运动和构造应力场。地质构造的规模大的上千千米，小的以毫米计，基本的地质构造类型有断裂、褶皱、劈理和片理。这些构造作用均使岩石的完整性、坚固性和稳定性遭到破坏，造成岩石破碎，软弱结构面发育，岩石易于风化，从而使完整的岩层破碎成松散碎屑物。其中断裂构造对岩石的破坏最为严重，断裂带的宽度可达数百米，影响宽度可达数十千米，对松散碎屑物质的形成影响最为显著。

3）地貌

地貌指地表的起伏形态，正是地表的起伏和重力作用才使岩层会发生崩塌和滑坡，从而破坏岩土体的完整性，形成松散碎屑物质。因此，地貌也是影响松散碎屑物质形成的重要因素之一。

4）气候

不同的气候条件对岩石的物理风化、化学风化和生物风化均有显著的影响，因此，气候对松散碎屑物质的形成也具有重要的影响。

5）植被

地表的覆被条件也可以影响坡面表层松散固体物质的生成，在其他条件相同的情况下，植被覆盖较好的地区地表物质累积的速度相对来说要低于裸露地区。

6）人类活动

人类活动强度也在一定程度上影响着松散碎屑物质的生成，不仅可以通过破坏地表结构改变松散碎屑物质的形成条件，甚至可以直接产生大量的松散碎屑物质，如矿山开采、山区道路修筑等。

（二）能量条件

泥石流暴发突然，运动速度快，破坏力巨大，在泥石流形成过程中存在巨大的快速的能量转换，即从较高处静止的松散固体物质蕴藏的势能转化成高速运动的泥石流体承载的动能。因此，在泥石流形成过程中必须具备巨大的势能和较大的能量转化梯度（图 3-11）。

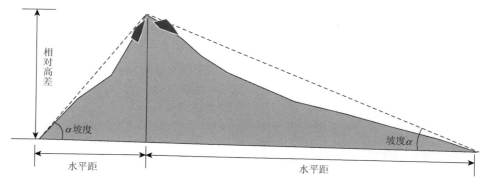

图 3-11　相对高差和坡度示意图

1. 势能及其影响因素

势能是物体由于具有做功的形势而具有的能，力学中势能有引力势能、重力势能、弹性势能和电势能等，这里的势能为重力势能。物体质量越大、位置越高，其做功的本领就越大，物体具有的重力势能也就越多，因此，在泥石流形成中松散固体物质的势能大小取决于两个要素，一是松散固体物质的质量，二是松散固体物质所处的高度。

松散固体物质的质量受控于松散固体物质的储量，前已述及其受多种要素的影响。松散固体物质的高度并不是其绝对海拔高度，而是相对于某一平面的相对高度。对一个泥石流流域而言，可将流域出口处水平面作为参考平面，流域出口处与流域最高处的高度差，即松散固体物质可能的最大高度。因此，松散固体物质所处的高度主要受控于流域相对高差。

2. 能量转化梯度及其影响因素

泥石流具有较快的运动速度，具有较大的动能，泥石流具有的动能是由势能转化而来的，而势能能否转化成动能以及能量的转化率是多少要取决于能量转化的梯度。高处的松散固体物质在重力作用下沿坡面或沟道向下移动，受到坡面或沟道的阻力，松散固体物质能否发生移动以及移动的加速度是多大就取决于此阻力的大小。此阻力的大小除与坡面或沟道的粗糙度有关外，更重要的是受控于坡面或沟道的坡度。在理论上，坡面或沟道的坡度越大，松散固体物质受到的阻力越小，能量转化梯度越大，越易形成泥石流。

（三）激发条件

在一般情况下，坡面或沟道内的松散固体物质在坡面或沟道阻力和自身结构力的作用下可以保持稳定，若要发生移动并形成泥石流，需要外部的激发条件，这个激发条件就是水。随着松散固体物质中含水量的增加，土石体的孔隙水压力不断增加，土石体的强度逐渐降低，同时在水的作用下坡面或沟道的摩擦系数也在减小，导致土石体失稳而形成泥石流。激发泥石流形成的水包括降水、冰川（雪）融水、湖泊和水库等的溃决水等。但是，我国绝大部分泥石流形成的激发水源自降水，因此，这里的只选择降水因素作以介绍。

降水从降水量和降水强度两个方面影响泥石流的形成。降水总量为泥石流的形成提供充足的水源，降水强度使区域内形成强大的地表径流，或较大的孔隙水压力，为泥石流形成提供动力条件，二者共同激发滑坡和泥石流的形成。

1. 降水总量

降水总量由两部分构成，一是前期降水量，二是当次降水量。前期降水量通过地表和地下径流、蒸发和植物蒸腾作用损失的部分为损失降水量，激发滑坡和泥石流形成后的降水量为剩余降水量，这两种降水都不参加本次灾害的触发，因此，参与本次泥石流灾害形成的降水量仅包括有效前期降水量和有效当次降水量。但由于将要发生的泥石流灾害的发生时间无法确定，为了保守起见，将当次降水量全部作为当次有效降水量，这样激发泥石流的降水量就成为前期有效降水量和当次降水量的和。

2. 降水强度

降水强度是单位时间内的降水量，通常取 10min、1h 或 24h 为时间单位。降水强度在泥石流形成中发挥重要作用。高强度的降水可以在短时间内形成较大的孔隙水压力，也可以形成加大的地表径流，从而激发泥石流的形成。不同国家对降水强度等级的划分具有很大的差异，表 3-5 是中华人民共和国国家标准《降水量等级》（GB/T 20022035-Q—416）中我国降水强度等级划分标准。

表 3-5　降水强度等级划分标准

等级 \ 时段	12h 降水总量/mm	24h 降水总量/mm
微量降雨（零星小雨）	<0.1	<0.1
小雨	0.1～4.9	0.1～9.9
中雨	5.0～14.9	10.0～24.9
大雨	15.0～29.9	25.0～49.9
暴雨	30.0～69.9	50.0～99.9
大暴雨	70.0～139.9	100.0～249.9
特大暴雨	≥140.0	≥250.0

二、泥石流空间分布规律

由于泥石流的形成受到物质条件、能量条件和激发条件的控制，因此泥石流的空间分布必然具有一定规律，并在宏观上受到地质条件、地貌条件和气候条件的控制，其基本规律在第一章中已进行分析，不再赘述，这里将根据泥石流在我国不同区域的空间分布状况，探讨其在不同下垫面条件下的分布规律。

（一）西南地区泥石流在不同下垫面条件下的分布规律

1. 西南地区概况

中国西南地区是中国泥石流最为发育，危害最为严重的区域，每年都会造成大量的人员伤亡和巨大的经济损失，是中国泥石流减灾防灾的重点区域。西南地区位于东经 97°30′～110°15′，北纬 21°5′～34°20′范围内，包括四川省、云南省、贵州省和重庆市,总面积 114.2 万 km^2,区域内总人口达 2.016×10^4 万。下面简单介绍研究区的自然地理概况。

1)地貌

西南地区位于青藏高原东侧,总的地势西北高、东南低,起伏大,高差悬殊。根据研究区宏观地貌特点,可以将其划分为几个典型地貌单元:川西高山高原、横断山区、云贵高原、四川盆地和秦巴山地(图 3-12)。

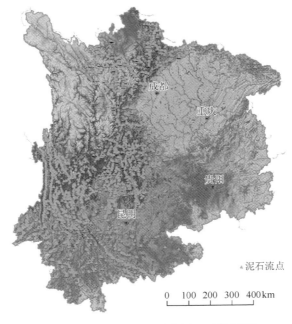

图 3-12　中国西南地区地势图(后附彩图)

川西高山高原位于研究区西北部,是青藏高原向东突出的一块边缘地带,大致包括若尔盖高原和岷山山地。若尔盖高原属于青藏高原的一部分,海拔为 3500～3800m,地势起伏非常小;岷山山地平均海拔超过 4000m,相对高差大,有少量现代冰川发育。横断山区长约 900km,东西最宽处 700km,平均海拔为 4000～5000m,岭谷相间,山高谷深。四川盆地四周山地环抱,盆地形态完整。盆地周边山区地形陡峻,盆地西部的成都平原地势平坦,盆地中部为丘陵区,相对起伏不大,盆地东部平行岭谷或低山丘陵分布,海拔为 700～1000m。云贵高原地面崎岖破碎,除滇中、滇东和黔西北尚保存着起伏较为平缓的高原面以外,大部分地区被长江及其支流分割成支离破碎、坎坷不平的地表,河流下切,溯源侵蚀强烈。秦巴山地包括秦岭和大巴山,秦岭山地海拔多为 2000～3000m,大巴山等山地海拔多为 1000～2000m,山体受河流切割,多峡谷,谷坡陡峭。

2）地质

西南地区地跨我国地貌的第一阶梯和第二阶梯，地质构造极其复杂，新构造运动强烈，地震活动频繁，是世界上地质构造运动最为活跃的区域之一。其中，青藏高原区主要为西域系和歹字型构造体系控制，云贵高原和四川盆地主要受新华夏系构造体系控制，秦巴山地主要受纬向构造体系控制，横断山区受歹字型构造和经向构造体系控制。

3）气候

西南地区由于受印度洋与太平洋气流影响，东南季风和西南季风为区内大部分地区带来了丰沛的降水，但干湿季分明，多数地区5～10月集中了全年80%以上的降水。因受季风影响程度和大地形作用的不同，使区内降水亦有明显差异。云贵高原、四川盆地和秦巴山地区属亚热带季风气候区，大部分地区多年平均降水量为1000mm左右。总体上是东部降水多于西部。滇西南地区山脉和河流走向皆为南北向，从印度洋来的暖湿气流沿江而上，形成水汽通道，大部分区域降水异常丰富，多年平均降水量可高达1500～2800mm，是西南地区最湿润地段。

2. 西南地区泥石流分布

由于受地貌、地质和降水条件以及人类活动的影响，区内泥石流发育，分布广泛。目前，区内已有记录的泥石流沟7651条（图3-13）。根据图3-13中泥石流的分布，西南地区泥石流的分布具有以下特点。

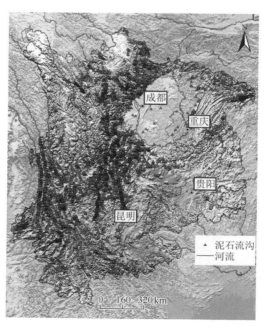

图3-13 西南地区泥石流分布图

1）在大地貌单元过渡带内集中分布

大地貌单元过渡带上往往地质构造活跃，地形起伏大，起伏的地形造成降水增加，为泥石流的发育提供了良好的条件。青藏高原向云贵高原和四川盆地过渡的地区以及四川盆周山地均为大的地貌单元过渡带，泥石流均密集分布。

2）在河流切割强烈、相对高差大的地区集中分布

河流切割强烈的地区往往地壳隆升强烈，地质构造活跃，地形相对高差大，地势陡峻，具备泥石流发育的有利条件，泥石流往往在这些地区集中分布。例如，横断山地及其沿经向构造发育的滇西南诸河以及雅砻江、安宁河、大渡河等河流，金沙江下游地区、岷江上游地区、嘉陵江上游、白龙江流域等。

3）在断裂带和地震带集中分布

断裂带皆为地质构造活跃的地带，新构造运动强烈，地震活动频繁，地震带多与大的断裂带重合。这些地带往往岩层破碎，山坡稳定性差，河流沿断裂带切割强烈，形成陡峻的地形，为泥石流的发育提供了十分优越的条件，是泥石流分布最为密集的地带。地震活动往往诱发大规模的滑坡，在地震后较长一段时间内，泥石流活动仍处于活跃期。

4）在降水丰沛和暴雨多发的地区集中分布

高强度降水是泥石流的主要激发因素，因此，降水丰沛和暴雨多发的山区泥石流都很发育。长江上游的攀西地区、龙门山东部、四川盆地北部东部等都是降水丰沛的地区，年降水量一般超过 1200mm，且降雨强度大，多为暴雨，皆为长江上游泥石流集中分布的地区。滇西南的大盈江流域多年平均降水量为 1345～2023mm，是滇西南暴雨多发区，也是滇西南泥石流密集分布的典型流域。

5）泥石流分布具有非地带性特点

泥石流的分布既不随纬度变化而变化，也不随垂直高度变化而不同，其分布呈现非地带性特点。泥石流的分布只受地形、地质和降水条件的控制，无论在什么纬度带和高度带只要具备泥石流发育的条件都会有泥石流的分布。

3. 影响泥石流形成的主要地面因素

泥石流形成必须具备三个条件：能量条件、物质条件和水源条件。因为水源条件主要是降水，不属于地表条件，这里不作论述，仅对由地表决定的能量条件和物质条件进行论述，分别选择这两个条件中影响泥石流形成的主要因素。

1）能量条件中的主要因素

能量条件主要是其地形条件，主要从两个方面影响泥石流的发育。一是地形相对高差，二是地形坡度。相对高差为泥石流发育提供势能条件，流域上游的松散固体物质必须具有一定的势能，才能在泥石流启动后具有较大的速度，运动较远的距离。坡度为泥石流的形成和运动提供能量转化梯度，是泥石流能否起动和

能否保持运动的关键条件。因此，相对高差和坡度是能量条件中决定泥石流能否发生的关键因素。

2）物质条件中的主要因素

松散碎屑物质是泥石流形成的物质基础，是否具有足够的松散碎屑物质决定能否形成泥石流，具有足够量的松散碎屑物质后，其丰富程度是影响临界降水激发条件的重要因素。因此，可供泥石流形成的松散碎屑物质储量是物质条件中决定泥石流能否形成的关键因素。然而，对较大区域内众多的地块单元来说，准确地获取每个地块单元内可供泥石流形成的松散碎屑物质储量则是十分困难的事情。

虽然无法准确地获取每个地块单元内可供泥石流形成的松散碎屑物质储量，但可以通过对每个地块单元内影响松散碎屑物质形成的因素进行分析，对松散碎屑物质的生成条件进行评估，从而对每个地块单元的松散碎屑物质条件作出合理的评估。

地质条件是影响泥石流发育的松散固体物质条件的主导因素，其中，地质构造和地层是影响松散固体物质形成的直接因素。地质构造直接影响岩层的完整性，影响松散固体物质的形成，其中的断层更是直接破坏岩层的完整性，使岩层松散破碎，为松散固体物质的形成提供良好的条件，并且断层的发育是地质构造活动的直接表现，因此，断层是影响泥石流形成松散碎屑物质条件的重要因素之一。地层反映了岩层形成的时代和岩性特征，影响岩层的易风化程度和抗侵蚀程度，是影响松散固体物质形成的又一重要因素。断层和地层因素是影响松散固体物质的相对独立的两个重要因素，二者之间不存在明显的关联，因此，两个因素都应选择为影响泥石流形成的物质条件的重要因素。

地表的覆被条件也可以影响坡面表层松散固体物质的生成，在其他条件相同的情况下，植被覆盖较好区域地表物质累积的速度相对来说要低于裸地区域。人类活动强度也在一定程度上影响着松散碎屑物质条件的生成，不仅可以通过破坏地表结构改变松散碎屑物质的形成条件，甚至可以直接产生大量的松散碎屑物质，如矿山开采、山区道路修筑等。利用植被分布图可以直接反映植被条件状况，但很难利用一个指标来综合反映人类活动强度对松散碎屑物质生成的影响。土地利用状况既反映了地表的植被覆盖条件，又反映了人类对不同土地的利用方式，间接地反映了人类活动对地表结构的破坏情况。因此，可以选择土地利用状况来综合反映植被条件和人类活动等外部因素对坡体松散碎屑物质生成条件的影响，作为又一影响泥石流形成的物质条件的又一重要因素，并且可以比较容易地根据土地利用图来对此作出较准确的评估。

根据前面的分析，影响泥石流形成的主要地面因素包括地形相对高差、地形坡度、地层、断层、土地利用状况。这些地面因素共同决定了在一定的降水条件下能否发生泥石流，或在什么样的降水条件下就可以发生泥石流，是泥石流灾害评估或预报中必须考虑的因素。

4. 各因素与泥石流的关系

1) 统计分析与数据获取方法

A. 统计分析方法

每个影响泥石流形成的因素都有许多不同的状态，不同的因素状态对泥石流的形成具有不同程度的影响。各因素与泥石流的关系的统计分析，就是通过统计分析方法分析各因素在不同状态下泥石流出现的频率，从而确定在不同条件下可以形成泥石流的概率，为泥石流预报提供地面条件的定量评估。

根据研究区 7651 条泥石流沟的资料，其流域面积相差悬殊，从不足 1km^2 至 100 多平方千米，无法以流域为单元进行统计分析。因此，这里采用统计网格单元的方法进行统计分析。然而，统计网格单元的大小对统计结果有着重要的影响。为了确定合适的统计网格单元的大小，对研究区 7651 条泥石流沟的流域面积进行了统计分析，分析结果是近 80% 的泥石流沟的流域面积在 10km^2 以内。Li 等（2002）对中国泥石流沟面积的统计，韦方强和谢洪（1999）对四川省的泥石流沟面积的统计结果与此类似。根据这一统计结果，将统计网格单元的大小确定为 3km×3km，其面积为 9km^2，包含了大部分的泥石流沟。

以 3km×3km 为单元利用 GIS 工具对研究区进行网格化处理，共划分成 125177 个网格单元。利用 GIS 提取每条泥石流沟所在网格单元的各种因素的信息，统计分析泥石流沟在各因素不同状态的分布情况。这种分布未考虑每个因素各种状态出现的总数量，并不能反映每个因素不同状态中出现的概率，所以必须考虑每个因素各种状态出现的总数量，统计分析泥石流在每个因素不同状态下的相对分布情况。

B. 数据获取方法

a. 相对高差数据的获取

相对高差数据以 1∶25 万地形图为底图，经过矢量化处理，利用 GIS 中建立研究区数字高程模型（DEM），并进一步利用 GIS 的空间分析工具，求得研究区高差分布图。

b. 断层数据的获取

以 1∶20 万地质图作为底图，并进行矢量化处理。因断层呈线状分布，但其影响范围较宽，呈带状分布，并且随着距离的增加其影响逐渐减弱，所以需要利用 GIS 环境中的距离（distance）工具和密度（density）工具，从原始断层数据中派生出到断层的距离分布数据和断层密度分布数据。断层密度的计算公式为

$$D = \frac{\sum_{i=1}^{n} L_i}{A} \qquad (3\text{-}25)$$

式中，D 为断层密度（km/km^2）；A 为统计单元面积（km^2），这里为 9km^2；L_i 为统计单元内每条断层的长度（km）；n 为统计单元内的断层条数。

　　c. 地层数据的获取

　　以 1∶20 万地质图作为底图，并进行矢量化处理。在地质图中每个地层单元是以组进行描述的，并列出了主要的岩性组成，根据不同的岩性组成，将这些地层归并成 5 个类别（表 3-6），分别反映地层的坚硬程度和易风化程度。

表 3-6　地层类别归并表

类别	岩性分级依据描述		
	沉积岩	岩浆岩	变质岩
1	白云岩，深灰色、厚层状灰岩，结核、硅质、燧石灰岩	厚层酸性岩（厚层流纹岩、鞍山岩等）	石英，石英岩脉，辉绿岩，辉绿岩脉
2	石英砂岩，硅质砾岩，浅色灰岩，石英粉砂岩	细中粒花岗岩，闪长岩，辉长岩，鞍山岩，玄武岩，凝灰岩，流纹斑岩，基性火成岩（辉长石），超基性（橄榄岩），碱性（正长石），辉绿岩，玢岩	大理石，石英片岩，角闪岩，蛇纹岩
3	砂岩，粉砂岩，泥灰岩，砂质、硅质泥岩，砾岩	火山碎屑岩，斑状、粗粒花岗岩，正长斑岩	片岩，板岩，变粒岩，变质玄武岩，变质流纹岩，变质砂岩，片麻岩
4	页岩，半胶结泥岩，泥炭，含煤层，半固结岩，弱固结砂岩	火山碎屑/岩	千枚岩
5	第四纪松散层（黄土，冲积、洪积、坡积、冰碛物），亚黏土，黏土，黏质砂土		

　　d. 土地利用状况数据的获取

　　以 2000 年制作完成的 1∶10 万土地利用图为底图，并进行数字化处理。土地利用图中的土地利用类型繁多，在综合考虑各类别对影响松散固体碎屑物质生成中的作用基础上，将各类别归纳为七类：林地，草地，耕地，水域，居民工矿用地，裸地、冰川，滩涂、滩地、戈壁、盐碱地。因在 3km×3km 范围内会有多种土地利用类型，无法利用一种土地利用类型来代表该单元的土地利用情况。为了解决这一问题，根据各地类对影响松散固体碎屑物质生成的贡献的大小赋相应的权重（表 3-7），再根据每个统计网格单元中不同地类的面积，计算得到每个统计网格单元的土地利用综合指数，用以综合反映土地利用状况。

表 3-7　土地利用类型归并及权重分配

归并后地类	林地	草地	耕地	水域	居民工矿用地	裸地、冰川	滩涂、滩地、戈壁、盐碱地
权重/（1/km²）	0.05	0.15	0.25	0	0.2	0.25	0.1

2）各因素与泥石流的关系分析

根据上述方法获得的各类数据，利用统计分析方法对研究区 7651 条泥石流沟在各因素中的分布情况进行了统计分析。分析结果如下。

A. 相对高差与泥石流的关系

将研究区 125177 个网格单元按照相对高差大小进行分类，分类间隔为 50m。统计研究区 7651 条泥石流沟在不同相对高差网格单元出现的次数，统计结果如图 3-14 所示。

根据图 3-14 中泥石流沟在不同高差段分布的条数曲线，可看出，泥石流沟数量随高差变化分布是一种单偏峰分布。这种分布一般可以用广义的指数型分布来描述，其特例即一定参数的 Gamma 分布或 Weibull 分布（Li et al.，2002）。大多数泥石流沟分布在相对高差为 400～1300m 的统计单元中，占泥石流沟总数的 60%以上。但这并不能说明这个相对高差段最适合泥石流发育。为了更清楚地认识泥石流发育与相对高差间的关系，可利用式（3-26）估计泥石流沟在不同相对高差网格单元中出现的概率：

$$P_i = \frac{N_i}{S_i} \qquad (3\text{-}26)$$

式中，P_i 为研究区相对高差为 i 的网格单元发育泥石流沟的概率；N_i 为研究区分布在相对高差为 i 的网格单元的泥石流沟数量；S_i 为研究区相对高差为 i 的网格单元总数，估算结果如图 3-15 所示。

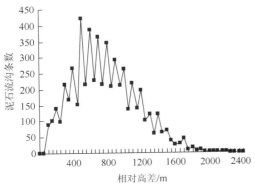

图 3-14　泥石流沟在不同相对高差单元中
分布的数量

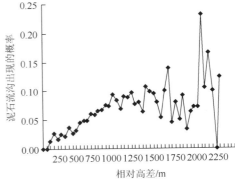

图 3-15　泥石流沟在不同相对高差单元中
分布的概率

根据图 3-15，在大的趋势上，随着网格单元相对高差的增大，泥石流沟发育的概率逐渐增大，也就是说在相对高差越大的网格单元里越适合泥石流的发育。但在统计单元相对高差达到 2000m 左右时，泥石流沟出现的概率达到最大，然后随着相对高度的增大泥石流出现的概率则开始下降，即相对高差达到 2000m 以后，相对高差越大越不利于泥石流发育。产生这种差异的原因是统计单元相对高差大于 2000m 以后，地形变得异常陡峻，不利于松散碎屑物质的积累，缺乏泥石流发生所必需的物质条件。

B. 地层与泥石流的关系

按照表 3-5 中的分类方法将地层归并为 5 个类型，分别统计了泥石流沟在这 5 个地层类型中的分布情况（图 3-16）。根据图 3-16，泥石流沟在 5 个地层类型中的分布接近正态分布，其中在第三种类型中的分布最多。利用式（3-26）（式中的 i 变为地层类型，其他变量亦作相应变化）估算泥石流沟在不同类型地层中出现的概率（图 3-17），根据图 3-17，泥石流沟在 5 个地层类型中出现的概率随着地层坚硬程度的降低（易风化程度的增强）而增大，反映了软弱岩层中更容易发育泥石流灾害。然而，除第五类岩层中出现的概率比较突出外，在其他几类地层中出现的概率虽然随着地层坚硬程度的降低（易风化程度的增强）而增加的关系较好，但增加幅度较小。这说明除第四纪松散层外的其他地层对泥石流发育有一定影响，但影响较小，不像地形的影响那么明显。

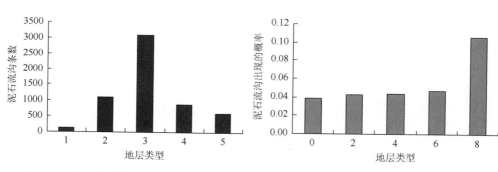

图 3-16　泥石流沟在不同地层中的分布　　图 3-17　泥石流沟在不同地层中出现的概率

C. 断层与泥石流的关系

将研究区 125177 个网格单元按照断层相对密度大小进行分类，分类间隔为 0.001。统计研究区 7651 条泥石流沟在不同断层网格单元出现的次数，统计结果如图 3-18 所示。

根据图 3-18，泥石流沟在不同断层密度中分布的数量规律性不强，除在断层密度大于 0.043km/km^2 的统计单元中分布数量极少外，在其他单元中均有较多数量的分布。但是，利用式（3-26）（式中的 i 变为断层密度，其他变量亦作相应变化）估算泥石流沟在不同断层密度网格单元中出现的概率（图 3-19）后发现，泥石流沟在不同网格单元出现的概率与断层密度有着良好的关系，整体趋势上泥石流沟出现的概率随着断层密度的增大而增大。在断层密度小于 $0.04km/km^2$ 的范围内，泥石流沟出现的概率随着断层密度的增大而增大的关系非常好，但断层密度大于 $0.04km/km^2$ 后，泥石流沟出现的概率随着断层密度的增大而减小。

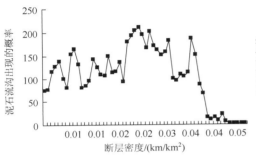
图 3-18　泥石流沟在不同断层密度中的分布

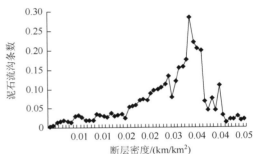
图 3-19　泥石流沟在不同断层密度单元中出现的概率

D. 土地利用与泥石流的关系

根据表 3-6 中的分类和权重分配方法，利用式（3-27）计算每个网格单元的土地利用指数，并对泥石流沟在不同土地利用指数单元中的分布进行了统计，统计结果如图 3-20 所示。

$$I = \sum_{i=1}^{7} \alpha_i A_i \tag{3-27}$$

式中，I 为每个网格单元的土地利用指数；A_i 为每个网格单元每种土地利用类型的面积（km^2），$\sum A_i = 9$；α_i 不同土地利用类型的权重（$1/km^2$），$\sum \alpha_i = 1$。

根据图 3-17，泥石流沟在不同土地利用指数网格单元中的分布大体上呈正态分布，泥石流沟主要集中在土地利用指数为 0.09～0.16 的统计单元中。利用式（3-26）（式中的 i 变为土地利用指数，其他变量亦作相应变化）估算泥石流沟在不同土地利用指数网格单元中出现的概率，计算结果（图 3-21）显示，泥石流沟在土地利用指数中的分布频率在整体上随土地利用指数的增大而增大，反映土地利用指数越大越有利于泥石流的发育。但在土地利用指数大于 0.18 以后，泥石流沟出现的概率反而随土地利用指数的增大而减小。

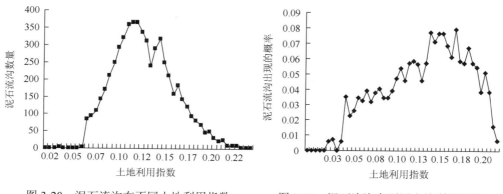

图 3-20　泥石流沟在不同土地利用指数　　　　图 3-21　泥石流沟在不同土地利用指数
　　　　　单元中的分布　　　　　　　　　　　　　　　　单元中的概率

（二）东南地区泥石流在不同下垫面条件下的分布规律

中国东南地区概况和泥石流分布情况前已述及，这里重点分析该区域泥石流在不同下垫面条件下的分布规律。

1. 泥石流在地形上的分布规律

为了统计泥石流在地形上的分布规律，将研究区划分成若干 3km×3km 的网格单元，统计研究区所有泥石流流域在不同相对高差单元的分布情况，并计算泥石流流域在不同相对高差单元的分布概率，统计结果如图 3-22 所示。根据图 3-22，泥石流流域的分布概率随相对高差的增大而增大，且在相对高差达到 600m 以后，分布概率迅速增大。这一结果与西南地区的统计结果类似，但也有所不同。西南地区的泥石流流域分布概率在相对高差达到一定值后，分布概率会随相对高差的增大而减小，而东南地区则是单调增加的。这主要是因为西南地区以中高山为主，地形陡峻和相对高差巨大，而东南地区则以低山丘陵为主，相对高差和地形坡度均较小。

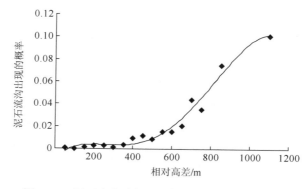

图 3-22　泥石流流域在不同相对高差条件下的分布

2. 泥石流在地层上的分布规律

为了分析泥石流在不同地层上的分布规律,将复杂多变的地层划分成 5 个组,分别统计研究区内泥石流在不同地层组中的分布概率。地层的划分方法见表 3-5。统计结果(图 3-23)显示,泥石流在 5 个地层组中的分布概率有着明显的差异,比西南地区的泥石流在不同地层组中的分布概率差异要明显得多。

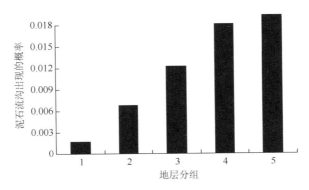

图 3-23 泥石流在不同地层组中的分布

3. 泥石流在断层上的分布规律

为了分析泥石流流域在断层上的分布规律,计算研究区中每个单元中分布的断层长度,然后计算每个单元中的断层分布密度,并将断层分布密度分为 10 个等级。统计研究区中泥石流流域在不同断层密度等级单元中的分布概率,统计结果如图 3-24 所示。根据图 3-24,泥石流沟的分布概率随断层密度的增大而增大。

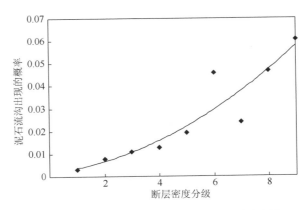

图 3-24 泥石流在不同断层密度单元的分布概率

4. 泥石流在土地利用类型上的分布规律

为了分析泥石流流域在土地利用类型上的分布规律,根据表 3-6 中的分类和权重分配方法利用式（3-27）计算每个网格单元的土地利用指数，并把其分成 13 个等级，然后对泥石流沟在不同土地利用指数等级单元中的分布进行了统计，统计结果如图 3-25 所示。根据图 3-25，泥石流沟的分布概率随土地利用指数的增大而增大。

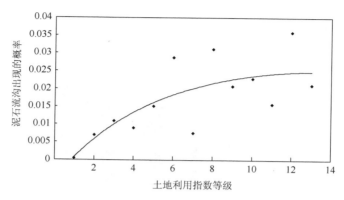

图 3-25　泥石流沟在不同土地利用指数单元上的分布概率

5. 泥石流在时间上的分布规律

受季风气候影响，东南地区泥石流主要分布在夏季（5～10 月），其中 6～9 月这 4 个月更为集中。泥石流在夏季的分布呈现出双峰型分布，即 6 月达到一个峰值，8 月达到另一个峰值（图 3-26）。这种双峰型分布主要受降水分布的影响，6 月为研究区域的梅雨季节，降水较为丰沛，8 月为台风多发季节，梅雨降水和台风带来的高强度降水是 6 月和 8 月泥石流多发的主要原因。但图 3-26 中显示多年平均 8 月降水明显小于 6 月降水，而泥石流灾害事件却相反，主要原因是梅雨的降水强度一般小于台风降水。

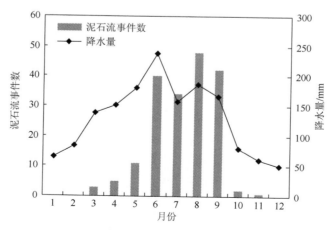

图 3-26　东南地区多年平均月降水量和泥石流事件数在各月的分布

第四节　泥石流的流量与运动规律

对于单沟泥石流预报,不仅需要形成机理和降水统计规律等的支持,还需要泥石流流速和流量计算等的支撑,以实现对泥石流要素(如规模、泛滥范围、流速和流深等)的预报。

泥石流流速、流量是评估泥石流规模的重要参量,给定断面的泥石流流速、流量的计算方法也是利用泥石流运动数值模拟方法预报泥石流泛滥范围和流速、流深分布的基础输入量,对泥石流要素预报具有重要意义。然而,遗憾的是对这些参量的计算至今仍缺乏成熟的方法,这里简单介绍实际应用中常用的方法。

一、泥石流流速计算

由于泥石流流体性质不同其运动特征有明显差异,国内的学者一般将泥石流流速分为两类进行计算,一类是黏性泥石流,另一类是稀性泥石流。两类泥石流的流速计算方法均是以曼宁公式为基础利用现场观测数据得出的经验公式。

对于黏性泥石流,吴积善等(1990)根据 1965～1967 年和 1973～1975 年对云南蒋家沟 101 场泥石流的 3000 多次阵流的观测,获得了蒋家沟黏性泥石流流速计算公式;甘肃省交通科学研究所和中国科学院兰州冰川冻土研究所(1981)利用 1963～1965 年和 1972～1973 年对甘肃武都 3 条泥石流沟 113 次泥石流阵流的观测资料,得到了甘肃武都黏性泥石流计算公式;康志成(1991)根据西藏波密古乡沟 1964～1965 年 95 次泥石流阵流流速的观测资料,得到了西藏波密古乡沟黏性泥石流流速计算公式。康志成(1991)根据上述 3 个地区的泥石流流速观测资料综合分析得到这些地区的黏性泥石流流速计算公式:

$$U_c = (1/n_c) H_c^{2/3} I_c^{1/2} \qquad (3\text{-}28)$$

式中,U_c 为泥石流流速;n_c 为黏性泥石流沟床糙率;H_c 为计算断面平均泥深;I_c 为泥石流水力坡度。

对于稀性泥石流,铁道部勘测设计院根据调查资料建立了稀性泥石流流速计算公式(陈光曦等,1983);北京市政设计院根据北京地区公路泥石流调查资料建立了稀性泥石流流速计算公式(甘肃省交通科学研究所和中国科学院兰州冰川冻土研究所,1981)。

因为这些公式都是经验公式,均具有各自的适用条件,在适用这些公式的时候必须根据泥石流流域的特点选用最合适的公式。

在国际上，多以流体模型为基础建立流速计算方法，当然，也有以曼宁-谢才公式为基础的经验公式。国际上的主要泥石流计算公式列于表 3-8 中。

表 3-8　国际上的主要泥石流流速计算公式

流体类型	流速计算公式	参考文献
牛顿体层流	$V=(1/3)\rho g H^2 S/\mu$	Hungr et al., 1984
膨胀颗粒剪	$V=(2/3)\xi H^{1.5}S$	Takahashi, 1991
牛顿体紊流	$V=(1/n)H^{2/3}S^{1/2}$	PWRI, 1988
Manning-Strickler 公式 牛顿体紊流	$V=CH^{1/2}S^{1/2}$	Rickenmann, 1990
谢才公式的经验公式	$V=C_1H^{0.3}S^{0.5}$	Koch, 1998

二、泥石流流量计算

泥石流流量计算一般指的是峰值流量计算。对于具体的泥石流事件，峰值流量可以采用形态调查法、实测法或经验公式法进行计算（周必凡等，1991；Rickenmann，1999），然而，这些方法无法用于未知泥石流事件峰值流量的计算，也就无法用于泥石流要素预报中。

为了可以将计算的峰值流量用于泥石流要素预报中，必须引入泥石流发生频率的概念，计算不同发生频率下的泥石流峰值流量。我国泥石流一般由降水引发，在假设泥石流流域内有足够量的可供泥石流形成的松散固体物质情况下，可以认为同频率的降水引发同频率的泥石流。这样就可以根据小流域某频率下暴雨洪峰流量来推算同一频率下泥石流的峰值流量，即配方法。甘肃省交通科学研究所和中国科学院兰州冰川冻土研究所（1981）给出了该方法的计算公式。

$$Q_c=(1+\phi_c)Q_wD_u \tag{3-29}$$

$$\phi_c=(\gamma_c-1)/[\gamma_s(1+P_w)-\gamma_c(1+\gamma_sP_w)] \tag{3-30}$$

式中，Q_c 为某一频率下泥石流峰值流量；Q_w 为同频率下的暴雨洪峰流量；ϕ_c 为泥石流流量增加系数；γ_c 为泥石流容重；γ_s 为土体容重；P_w 为土体的天然含水量。

参 考 文 献

陈光曦，王继康，王林海.1983. 泥石流防治. 北京：中国铁道出版社.

陈景武.1990. 蒋家沟暴雨泥石流预报//吴积善，康志成，田连权. 云南蒋家沟泥石流观测研究. 北京：科学出版社：197-213.

崔鹏，关君蔚.1993. 泥石流启动的突变学特征. 自然灾害学报，2：53-61.

崔鹏, 杨坤, 陈杰. 2003. 前期降雨对泥石流形成的贡献——以蒋家沟泥石流形成为例. 中国水土保持科学, 1 (1): 11-15.

崔鹏. 1991. 泥石流启动条件及机理的实验研究. 科学通报, 21: 1650-1652.

甘肃省交通科学研究所, 中国科学院兰州冰川冻土研究所. 1981. 泥石流地区公路工程. 北京: 人民交通出版社.

胡惠民, 沈永坚. 1990. 中国东南地区地壳垂直形变基本特征. 地震地质, 12 (2): 121-130.

晋玉田. 1999. 攀西地区泥石流滑坡灾害与降水关系的分析和预报. 四川气象, 19 (3): 34-38.

康志成, 李焯芬, 马蔼乃等. 2004. 中国泥石流研究. 北京: 科学出版社.

康志成. 1991. 我国泥石流流速研究与计算方法. 第二届全国泥石流学术会议论文集. 北京: 科学出版社.

康志成. 1998. 泥石流产生的力学分析. 山地研究, 5 (4): 225-229.

任纪舜. 1984. 印支运动及其在中国大地构造演化中的意义. 中国地质科学院院报, 6 (2): 31-42.

谭万沛. 1989. 泥石流沟的临界雨量线分布特征. 水土保持通报, 9 (6): 21-26.

王兆印, 张新玉. 1989. 水流冲刷沉积物生成泥石流的条件及运动规律的试验研究. 地理学报, 44 (3): 291-295.

韦方强, 胡凯衡, 崔鹏等. 2002. 不同损失条件下的泥石流预报模型. 山地学报, 20 (1): 97-102.

韦方强, 江玉红, 杨红娟等. 2010. 东南地区泥石流活动与降水气候特征的关系. 山地学报, 28 (5): 616-622.

韦方强, 谢洪. 1999. 泥石流危险度区划的模糊信息模型. 中华水土保持学报, 30 (4): 273-277.

吴积善, 康志成, 田连权等. 1990. 云南蒋家沟泥石流观测研究. 北京: 科学出版社.

姚学祥, 徐晶, 薛建军. 2005. 基于降水量的全国地质灾害潜势预报模式. 中国地质灾害与防治学报, 16 (4): 97-102.

赵平, 汪集旸, 汪缉安等. 1995. 中国东南地区岩石生热率分布特征. 岩石学报, 11 (3): 292-305.

中国科学院兰州冰川冻土研究所, 甘肃省交通科学研究所. 1982. 甘肃泥石流. 北京: 人民交通出版社.

中华人民共和国国家质量监督检验检疫总局/中国国家标准化管理委员会. 2011. 中华人民共和国国家标准 "降水量等级" (GB/T20022035-Q—416).

钟敦伦, 谢洪, 杨庆溪等. 1989. 泥石流形成因素及主因素分析//中国科学院读山地灾害与环境研究所. 泥石流研究与防治. 成都: 四川科学技术出版社: 58-77.

周必凡, 李德基, 罗德福等. 1991. 泥石流防治指南. 北京: 科学出版社.

Aleotti P. 2004. A warning system for rainfall-induced shallow failures. Engineering Geology, 73 (3-4): 247-265.

Ashida K, Egashira S. 1986. Running-out processes of the debris associated with the ontake landslide. Natural Disaster Science, 8 (2): 63-79.

Caine N. 1980. The rainfall intensity-duration control of shallow landslides and debris flows. Geografiska Annaler, 62 (1-2): 23-27.

Corominas J, Moya J. 1999. Reconstructing recent landslide activity in relation to rainfall in the Llobregat River basin, Eastern Pyrenees, Spain. Geomorphology, 30 (1-2): 79-93.

Fleishman S M. 1978. Debris Flows (2nd edition). Leningrad: Gidrometeoizdat.

Hungr O, Morgan G C, Kellerhals R. 1984. Quantitative analysis of debris torrent hazards for design of remedial measures. Canadian. Geotechnical Journal, 21: 663-677.

Ivernson R M. 1997. The physics of debris flows. Reviews of geophysics, 35 (3): 245-296.

Iverson R M, LaHusen R G. 1989. Dynamic pore-pressure fluctuations in rapidly shearing granular materials. Scinece, 246 (4931): 796-799.

Iverson R M, Reid M E, LaHusen R G. 1997. Debris-flow mobilization from landslides. Annual Review of Earth and Planetary Sciences, 25: 85-138.

Koch T. 1998. Testing of various constitutive equations for debris flow modeling. In: Kovar K, Tappeiner N, Peters E （eds）. Hydrology, Water Resources and Ecology in Headwaters. IAHS Publ. No. 248, Merano, Italy, 249-257.

Li Y, Hu K, Cui P. 2002. Morphology of basin of debris flow. Journal of Mountain Science, 20（1）: 1-11.

PWRI. 1988. Technical standard for measures against debris flow（draft）, Technical Memorandum of PWRI, No. 2632, Ministry of Construction, Japan.

Rickenmann D. 1990. Debris flows 1987 in Switzerland: Modelling and sediment transport. In: Sinniger R O, Monbaron M（eds）. Hydrology in Mountainous Regions II. IAHS Publ, 194: 371-378.

Rickenmann T. 1999. Empirical relationships for debris flow. Natural Hazards, 19: 47-77.

Sassa K, Wang G. 2005. Mechanism of landslide-triggered debris flows: Liquefaction phenomena due to the undrained loading of torrent deposits. Debris-flow Hazards and Related Phenomena, Springer Praxis Books, 81-104.

Sassa K. 1998. Mechanism of landslide triggered debris flow. Environmental forest science. Proceedings IUFRO Division 8 conference, Kyoto, 19-23 October, 1998. Dordrecht: Kluwer Academic Publishing: 499-518.

Takahashi T. 1978. Mechanical Characteristics of debris flow. Journal of the Hydraulics Division, 104（8）: 1153-1169.

Takahashi T. 1980. Debris flow on Prismatic open channel. Journal of the Hydraulics Division, 106（3）: 381-396.

Takahashi T. 1991. Debris Flow, IAHR Monograph Series. Netherlands: Balkema Publishers.

Vinogradov Y B. 1980. Transport and transport-and-slide debris flow process. Selevye Potoki "Debris Flows", Issue 4. Moscow: Gidrometeoizdat: 3-19.

Wieczorek G F. 1987. Effect of rainfall intensity and duration on debris flows in Central Santa Cruz mountains, California. In: Costa J E, Wieczorek G F（eds）. Debris flows/Avalanches: Process, Recognition, and Mitigation: Reno, Nevada, Geological Society of America. Reviews in Engineering Geology, 7: 93-104.

Wilson R C, Jayko A S. 1997. Preliminary Maps Showing Rainfall Thresholds for Debris-flow Activity, San Francisco. Bay Region, California. U.S. Department of the Interior and U.S. Geological Survey, 1997, Open-file report 97-745F.

第四章 泥石流预报的气象基础及其技术体系

第一节 气 象 基 础

前已述及，我国绝大部分泥石流是由降水诱发的，因此降水的监测和预报技术对泥石流预报具有重要作用。那么泥石流预报需要哪些降水数据的支持？获取这些降水数据又需要哪些气象技术的支撑呢？

一、泥石流预报的降水数据支持

降水从降水量和降水强度两个方面影响泥石流的形成。降水量为泥石流形成提供水源，降水量越大供泥石流形成的水源就越充足；降水强度可以为泥石流的形成提供动力条件，降水强度越大形成的地表径流或孔隙水压力也越大，二者共同激发泥石流的形成。

（一）降水量

降水量包括参与泥石流形成的所有降水。如果我们以现在时刻作为时间分界，可以把降水划分成两个部分（图 4-1），一是前期降水量（A），二是当次降水量（B）。

图 4-1 降水量分段示意图

1. 前期降水量

理论上现在时刻以前发生的降水均为前期降水，但由于地表径流、地下径流、蒸发和植物蒸腾作用的影响，较早发生的降水已不再对泥石流的形成发生作用。所以，这里所说的前期降水量是指近期发生的仍对泥石流形成发生作用的降水。然而，即使近期发生的降水也通过径流、蒸发和植物蒸腾作用等损失部分水量，这部分称为损失降水量。而近期发生的仍保存在土壤中的那部分降水将会直接参与泥石流的形成，称为有效前期降水量。

2. 当次降水量

当次降水量是指直接引发泥石流的降水过程的降水量，其中泥石流形成以前的降水量称为当次有效降水量，泥石流发生以后仍然持续的降水量称为剩余降水量。

因此，参与本次泥石流灾害形成的降水量仅包括有效前期降水量（D）和有效当次降水量（E）。但由于将要发生的泥石流灾害的发生时间无法确定，为了保守起见，将当次降水量（B）全部作为当次有效降水量，这样激发泥石流的降水量就成为前期有效降水量（D）和当次降水量（B）的和。

（二）降水强度

降水强度是指单位时间内降水量的大小，简称雨强。降水强度对较强地表径流的形成和土壤孔隙水压力的快速提高具有重要影响，从而对泥石流的形成发挥重要作用。降水强度可以分为 10min 雨强、30min 雨强和 1h 雨强等，可以根据不同的泥石流预报选择不同的降水强度指标。

二、降水监测和预报技术

由上可知，泥石流预报不仅需要降水预报技术的支持，还需要实况降水监测技术的支持。随着计算机和遥感技术的发展，降水的监测、预报技术发展迅速，目前常用的降水监测和客观预报技术主要包括：数值天气预报、气象卫星、多普勒天气雷达和地面雨量遥测等，这些技术的发展为泥石流预报提供了良好的气象基础，现对其进行简单介绍。

（一）数值天气预报

数值天气预报是在给定初始条件和边界条件的情况下，数值求解大气运动基本方程组，由已知的初始时刻的大气状态预报未来时刻的大气状态（沈桐立等，2003）。数值天气预报具有许多优点，特别适用于区域性短期泥石流灾害预报，具有数据覆盖范围广、时间分辨率和空间分辨率高、数据连续性强等特点。同时，数值天气预报已被气象部门广泛采用，成为目前天气预报的主要手段，现在根据不同的服务要求，可以由全球和区域数值预报模式提供大尺度和中小尺度的客观定量降水预报产品，分别提供给国家、省（市、区）和地区（市、州）三级气象台使用。我国常用的数值天气预报模式主要有 MM5、WRF、T213 等。

（二）气象卫星

气象卫星遥感资料既可以作为数值天气预报模式的输入资料，通过资料同化来帮助确定更为准确的初始场，同时，利用气象卫星遥感资料所进行的降水量估计，以其较高的时空分辨率和广泛的覆盖范围，大大弥补了常规雨量观测过于离散和单个天气雷达探测范围过小的不足（Kidd，2001）。特别是静止气象卫星以其较高的时间分辨率和空间分辨率，能够很好地反映快速变化的中尺度对流系统所产生的强降水。又可以直接制作云和降水等天气现象的短期预报（Bader et al.，1995）。在现有的气象预报业务中，气象卫星遥感已经更多的是作为天气预报的一种辅助手段。

（三）多普勒天气雷达

多普勒天气雷达是新一代的天气雷达，具有全天候的探测能力，可以提供丰富的雷达产品，为开展短时灾害性天气系统的监测和预报提供强有力的手段。由于多普勒天气雷达采用先进的多普勒技术，在杂波抑制能力方面有了很大的提高，大大提高了定量估测降水的精确性和准确性（刘志澄等，2002）。根据中国气象局《天气雷达发展规划（2001—2015 年）》，我国将在全国范围内建设 158 部由 S 波段和 C 波段多普勒天气雷达组成的新一代天气雷达网，目前已完成 150 部。该天气雷达网已成为灾害性天气监测和短时天气预报的重要手段。

（四）地面雨量遥测

地面雨量遥测是通过无线电台、移动通信网络或卫星通信将雨量传感器探测的地面降水信息实时传输到数据接收中心的雨量实时监测技术。中国气象局已开始在全国建设自动气象站网，除提供地面雨量实时监测外，还提供地面气压、气温、湿度、风向、风速、雨量、地温（0～320cm）、辐射、日照、蒸发等的实时监测。由于雨量遥测设备价格低廉，在重点地区容易加密监测。

第二节　泥石流预报的技术体系

国内外均开展了大量的泥石流预报研究工作，但泥石流预报仍处于初级阶段，在技术和方法上均不成熟，尚未形成完整的技术体系。为了逐步建立完整的泥石流预报技术体系，规范泥石流预报业务化程式，提高泥石流预报水平，现以泥石流预报理论研究为基础，利用上述降水监测和预报的现代技术，初步建立不同时空尺度的泥石流预报技术体系，以满足不同尺度的泥石流减灾需求。

一、不同降水预报（观测）的时空尺度

由上所述，根据天气预报技术的发展和我国天气预报业务建设状况，数值天气预报、多普勒天气雷达和地面雨量遥测可直接应用于泥石流预报中，作为不同时空尺度降水预报的主要技术。根据这三种降水监测和预报技术的特点和业务运行情况，它们具有不同的时空尺度（表4-1）。

表 4-1　不同降水监测和预报方法的时空尺度

预报方法	数值天气预报	多普勒天气雷达	地面雨量遥测
时间尺度	6～48h	1～3h	实时
时间分辨率	1～6h	6min	1min
空间尺度	全球—区域	小区域—中区域（扫描半径230km）	定点
空间分辨率	60km×60km～15km×15km	1km×1km	不确定

数值天气预报的空间尺度较大，可以从中尺度到全球，我国业务化运行的主要数值天气预报模式的空间分辨率为 60km×60km～15km×15km，但可以根据需要对预报模式进行改进或对预报结果进行内插处理，从而提高其空间分辨率。数值天气预报的时间尺度较大，但随着时间的加长其预报结果的可靠性越差，一般对未来 6～48h 的预报具有较高的可靠性，我国业务化运行的主要数值天气预报模式的时间分辨率为 3～6h，经过改进处理的时间分辨率可以达到 1h。

多普勒天气雷达的空间尺度较小，一般的扫描半径为 230km，但因受山体阻挡等原因，一般的空间尺度要比此半径小，目前我国使用的多普勒天气雷达的空间分辨率均可以达到 1km×1km。多普勒天气雷达是通过雷达回波直接探测有效区域大气的物理特征来监测和预报天气的，因中小尺度天气系统的生消变化较快，其时间尺度较小，一般为 1～3h，目前我国使用的多普勒天气雷达的 T 扫时间一般为 6min，因此，其理论上的时间分辨率可以高达 6min。

地面雨量观测（现多为地面雨量遥测）是获取实况降水数据的主要手段，可以在任何地方安装雨量观测设施，但由于经济条件和技术人员条件的限制，我国降水观测站的布设密度还普遍较低，特别是西部山区站点密度更低。因此，地面

雨量观测的空间尺度为定点观测，但空间分辨率难以确定，需要根据站点分布密度确定。因目前的雨量观测设备大多已更换为自动观测设备，其时间尺度已可以达到实时观测，并可以达到观测数据的实时传输，其时间分辨率已至少可以达到 1min。

二、泥石流预报的时空尺度

降水监测和预报数据是泥石流预报中动态输入的数据，其时空尺度在一定程度上决定了泥石流预报的时空尺度。根据我国目前降水监测和预报的技术水平及其对应的空间尺度，可以将泥石流预报划分成大（中）区域预报、中（小）区域预报和单沟预报，以满足不同级别政府对泥石流减灾的需求。因降水监测和预报的时空尺度不同，并且不同空间尺度的泥石流预报需要的反应时间（减灾准备时间）也不一样，导致这三类泥石流预报具有不同的时空尺度（表4-2）。

表 4-2　泥石流预报的时空尺度

预报类型	大中区域预报	中小区域预报	单沟预报
时间尺度	12～24h	1～3h	0.5～1h
时间分辨率	1～6h	1h	15min
空间尺度	国家—省（市、区）	省（市、区）—地区（市、州）	单沟
空间分辨率	3km×3km（15km×15km）	3km×3km	0.1～100km^2

区域泥石流预报的空间尺度一般较大，可以为全国或全省（市、自治区），也可以为地区（市、州），甚至可以到县，其空间分辨率在理论上应与泥石流流域大小一致。但是，泥石流流域的大小差异较大，小的可以小到 0.1km^2 以下，大的可以达到 100km^2 以上，使其空间分辨率的确定较为困难，并与降水监测预报的空间分辨率不一致，需要进行空间分辨率的匹配。

根据对云南、四川、重庆和贵州四省（市）已查明的 7651 条泥石流沟的统计分析，80%以上的泥石流沟流域面积在 10km^2 以下，Li 等（2002）对全国泥石流沟流域面积的统计结果也是如此，因此，3km×3km 的空间分辨率对地面因素进行分析基本可以包含绝大部分泥石流沟。但是，这一空间分辨率与数值天气预报和多普勒天气雷达的空间分辨率（15km×15km 和 1km×1km）不一致，经过匹配后的大中区域泥石流预报的空间分辨率为 15km×15km，中小区域泥石流预报的空间分辨率为 3km×3km。但实际上，为了提高数值天气预报的空间分辨率，已开展了许多数值天气预报模式的改进工作，使得其空间分辨率可以达到 3km×3km，因此，大中区域泥石流预报的空间分辨率可以达到 3km×3km～

15km×15km。

中小区域泥石流预报的空间尺度是省（市、区）—地区（市、州），但在实际应用中一般为一部多普勒天气雷达的扫描半径区域。多普勒天气雷达的反射率探测距离为 1~460km，平均径向速度和频谱宽度的探测距离为 1~230km，但由于受山体阻挡和地球曲率的影响，多普勒天气雷达的有效扫描半径一般小于 230km。

单沟泥石流预报的空间为发生泥石流的小流域，其空间尺度即为预报小流域，其面积一般不超过 200km²，为 0.1~150km²。

泥石流预报的时间分辨率不仅决定于降水监测和预报产品的时间分辨率，还应满足不同空间尺度的泥石流减灾所需要的反应时间。一般来讲，空间尺度越大需要的时间越长，否则会出现预报信息还未传送到受众，预报时效已过。综合各种因素，大区域泥石流预报的时间分辨率一般为 6~12h，即每天可以发布 2~4 次预报；中小区域泥石流预报的时间分辨率为 1h，可以 1h 为间隔滚动发布预报；单沟预报的时间分辨率可以为 15min，保障受众有足够的时间逃生。

三、泥石流预报的技术体系

根据目前泥石流形成的研究以及降水监测、预报的技术水平，泥石流预报体系由大中区域泥石流预报、中小区域预报和单沟泥石流预报构成。大中区域泥石流预报提供全国、省或跨省区域级的泥石流灾害短期预报，较宏观地指导预报区域内的泥石流减灾；中小区域泥石流预报提供地区（州、市）级的泥石流短时预报，为预报区域内的泥石流减灾提供精细化指导；单沟泥石流预报主要针对城镇、重要交通干线、重大工程等危害对象的关键泥石流沟进行预报，不仅要提供泥石流发生可能性的预报，甚至还要提供灾害规模和危害范围的预报。这一泥石流预报体系可以完整地提供不同时空尺度的泥石流预报服务，满足不同层次的泥石流减灾需要。

因泥石流是降水作用到下垫面形成的一种强重力侵蚀，泥石流预报需要下垫面条件和降水条件两方面的技术支持，下面分别就这两个方面的技术要求论述如下。

（一）下垫面资料的技术要求

下垫面是泥石流预报的基础。根据泥石流形成所必需的基本条件，应对下垫面能量和物质条件进行分析。能量条件主要由地形条件决定，包括相对高差和坡度，为泥石流形成提供势能条件和能量转化梯度。物质条件主要指松散固体物质储量，受多种因素的控制，主要的控制因素有地层、地质构造、地表植被和人类活动等，其中地表植被和人类活动可以通过土地利用条件来反映。这些因素的具体分析方法和评价模型较多，这里不作详细论述，仅对分析所需的相关资料提出具体的技术要求（表4-3）。

表4-3　下垫面分析资料的技术要求

预报类型	大中区域预报	中小区域预报	单沟预报
地形图	≥1：25万	≥1：5万	≥1：1万
地质图	≥1：20万	≥1：5万	≥1：1万
土地利用图	≥1：20万	≥1：5万	≥1：1万
工程地质图	—	—	≥1：1万

根据上述分析，泥石流预报所需要的下垫面资料基本属于国家内部发行的资料，并且均带有一定的密级，需要具有一定的资质和授权才能使用。在没有使用资质和授权的情况下，可以委托相关单位对这些带有密级的资料进行加工处理，形成泥石流预报所需的专题产品。但为了保障数据质量的可靠性，形成专题产品所使用的下垫面资料必须达到一定的技术标准。大区域泥石流预报使用的地形图、地质图和土地利用图等的比例尺不能小于1：25万；中小区域泥石流预报所使用的各种图件比例尺不能小于1：5万；单沟泥石流预报所使用的图件资料的比例尺不能小于1：1万。在具体应用中，一般在此技术标准内选择国家有数字化的图件资料，以减少大量的工作量。

（二）降水监测与预报方法

降水的监测与预报为泥石流预报提供前期降水和预报降水支持，降水监测和预报的准确性直接影响泥石流预报的准确性。不同层次的泥石流预报需要不同的降水监测和预报技术的支持，其主要技术方法和技术要求列于表4-4。

表4-4　不同泥石流预报类型的降水监测和预报方法

预报类型	大中区域预报		中小区域预报		单沟预报	
降水监测和预报方法	地面降水监测	数值天气预报	地面降水监测	多普勒天气雷达	多普勒天气雷达	地面降水监测
监测预报时间	前期20日	未来24h	前期20日	未来1~3h	未来1~3h	前期20日＋实时

预报类型	大中区域预报		中小区域预报		单沟预报	
时间分辨率	24h	1~6h	24h	1h	6min	10min
空间分辨率	可内插	3km×3km~15km×15km	可内插	3km×3km	高于 3km×3km	据流域而定

大中区域泥石流预报由地面降水监测提供前期降水量，由数值天气预报提供降水预报数据。降水监测数据为逐日降水量，时间为前 20 日，站点数量应可以满足降水内插分析的要求。数值天气预报模式应可以提供未来 24h 降水预报，降水预报数据的空间分辨率最佳为 3km×3km，但不应低于 15km×15km，时间分辨率最佳为 1h，但不应低于 6h。

中小区域泥石流预报由地面降水监测提供前期降水量，由多普勒天气雷达提供降水预报数据。地面降水监测的技术指标与大中区域的相同。多普勒天气雷达应可以提供未来 1~3h 降水预报数据，预报数据的时间分辨率应不低于 1h，空间分辨率应不低于 3km×3km。

单沟泥石流预报由地面降水监测预报提供前期降水量数据和实时降水数据，由多普勒天气雷达提供降水预报数据。地面降水监测除可提供满足区域预报所需的前期逐日降水量外，还需提供实时监测降水数据，站点分布位置应在泥石流形成区，站点数量一般应不少于 2 个，对流域面积小于 1km^2 的泥石流沟可以设置 1 个站点。

四、泥石流预报结果的表述与发布

（一）区域泥石流预报结果的表述与发布

由于泥石流预报理论和方法均未成熟，并且降水预报的准确性还有待进一步提高，目前区域泥石流预报的准确率还处于较低水平，预报结果仅能使用泥石流发生概率来表述。即使如此，在现有理论和技术条件下也无法给出准确的泥石流发生的概率预报，采用模糊数学方法将泥石流发生概率概化成若干概率等级是比较实际的。如图 4-2 所示，将泥石流发生概率概化成五个等级，从一级至五级分别代表泥石流发生概率低、较低、中等、高、很高。若泥石流预报结果为一级或二级，泥石流发生的概率较低，可以不向公众发布；若泥石流预报结果为三级至五级，泥石流发生的概率较高，应向公众发布。在预报结果发布图中，三级用黄色表示，代表泥石流黄色预警；四级用橙色表示，代表泥石流橙色预警；五级用红色表示，代表泥石流红色预警。这样既可以给公众提供清晰的泥石流灾害预警等级，又符合国际上灾害预警惯例。

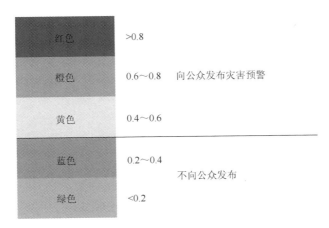

图 4-2　区域泥石流预报结果的表述与发布示意图

（二）沟谷泥石流预报结果的表述与发布

　　由于危险区有重要保护对象，沟谷泥石流预报结果应用"发生"或"不发生"表述，给危险区的人员以明确的预报结果，以便决定是否撤离危险区。然而，在现有的技术水平下泥石流漏报和误报均不可避免，漏报是指预报结果为不发生泥石流而实际发生泥石流，误报是指预报结果为发生泥石流而实际却不发生泥石流，这两种错报均会造成一定的损失，这就要求在进行泥石流预报时必须考虑漏报和误报所造成的损失，使总平均损失达到最小。

第三节　泥石流预报的降水数据获取与分析

一、前期降水量的获取

（一）气象观测站

　　地面气象观测站是目前获取前期降水量数据的主要手段。中国气象局已建成覆盖全国的气象观测系统，包括 2416 个地面气象台站，近 3 万个区域自动气象观测站。水利部水文局也在全国范围内建设了大量雨量观测站，为水文预报提供降水数据支持。这些观测站为前期降水量的数据获取提供了基础条件，并且在中国气象局和各省（市、自治区）气象局均建有气象信息中心，可以提供这些观测数据的共享服务。

气象观测站提供的降水数据为各观测站点的数据，不能提供在空间上连续的数据。而泥石流预报需要提供空间连续的面雨量数据，这就需要对各站点的数据进行内插分析，以获取降水在空间上的分布数据。

（二）雷达反演降水

多普勒天气雷达除能实时监测灾害性天气外，还能与地面观测数据结合反演降水情况。虽然目前雷达反演降水还有一定的误差，但其可以直接提供面雨量数据。因为雷达反演降水量可以利用站点观测数据进行修正，因此，理论上雷达反演的面雨量数据应当优于通过站点观测数据内插分析得到的面雨量数据。

（三）气象卫星反演降水

虽然我国已建立了覆盖全国的气象观测系统，但在偏远山区气象观测站的密度还很低，特别是在青藏高原及其边缘地区。这些地区的雷达观测也往往难以覆盖。因此，利用气象卫星资料反演降水成为这些区域前期降水量获取的重要补充手段，甚至是唯一手段。

二、有效前期降水量的确定

获取了前期降水量数据还不能直接为泥石流预报所使用，需要进一步分析有效前期降水量。但有效前期降水量的确定比较复杂且较为困难。现有的主要方法有如下几种。

（1）濑尾克美等（1985）在对泥石流警戒雨量的研究中，将有效前期降水量定义为

$$R_a = \sum_{t=1}^{14} a_t R_t \qquad (4-1)$$

式中，$a_t = 0.5^{t/T}$；R_t为前第 t 天的降水量；T 为降水的半减期（单位为天），无论降水大小对前期 14 天内的降水进行线性叠加。

式（4-1）在日本广为应用，并在应用中作了改进，但基本形式未变（藤井恒一郎等，1994；林孝标等，2000）。

（2）谭万沛（1988）在研究八步里沟降水的垂直分布特征与泥石流预报的雨量指标中，使用当月降水量作为前期降水量，而在泥石流沟的临界雨量线分布特

征研究中使用了濑尾克美和万膳英彦的计算公式（谭万沛，1989）。

（3）陈景武（1990）在蒋家沟暴雨泥石流预报研究中提出了泥石流预报前期间接雨量的计算公式：

$$P_{a0}=P_1K+P_2K^2+P_3K^3+\cdots+P_nK^n \tag{4-2}$$

式中，P_{a0} 为前期间接雨量；P_1，P_2，P_3，$\cdots$，P_n 分别为前 1，2，3，$\cdots$，n 日降水量；K 为递减系数，并建议 K 取 0.8～0.9，n 取 20。

（4）谭炳炎和段爱英（1995）在山区铁路沿线暴雨泥石流预报的研究中使用了前期降水量这个概念，但没有明确前期降水量的计算方法，只是使用了前期降水修正系数 K，也没有给出修正系数的具体值，只给出了 $K \geqslant 1$ 这个模糊的范围。

（5）Fan 等（2003）在研究台湾中部泥石流发生临界降水量时，使用了前期降水衰减系数 α，但借用了 Fedora 和 Jackson（1989）在研究暴雨径流时提出的前期降水衰减系数。

$$k = 0.881 + 0.00793 \times \ln a \tag{4-3}$$

式中，a 为流域面积，并使 $\alpha = \sqrt{k}$。

然而，这些方法在应用于泥石流预报时均存在一定的问题和困难，为此，我们又开展了进一步的研究，探索通过土壤含水量的衰减规律来确定有效前期降水量（韦方强等，2005）、利用遥感反演土壤含水量评估前期有效降水量等方法，并通过研究考虑气候特征和地形影响的降水内插方法来提高内插分析的准确度。

（一）基于土壤含水量衰减规律的有效前期降水量确定方法

上述这些研究为有效前期降水量的确定提供了可操作的方法，但从这些研究中可以看出，在前期有效降水量的计算中有两个参数是难以确定的，一个是递减系数，另一个是应当计算在内的天数。为了解决这两个问题，我们在中国科学院东川泥石流观测研究站对降水量和土壤含水量进行了同步观测，通过分析土壤含水量随时间的变化关系，得到前期有效降水量与前期降水量随时间的变化关系，从而确定前期有效降水量的计算模型。

1. 前期有效降水量和土壤含水量变化间的关系

土壤含水量是决定泥石流能否起动的关键性因素之一，而土壤含水量的增加主要是由降水造成的，所以二者存在紧密的关系。降水导致土壤含水量的迅速增加，而降水过后因径流和蒸发等原因土壤含水量又迅速衰减，土壤含水量的迅速衰减造成泥石流形成作用的迅速减弱，可以认为是该次降水对后期泥石流形成的影响迅速减弱，即泥石流形成的前期有效降水量迅速衰减。因此，降水过后土壤含水量的衰减过程与前期有效降水量间应当遵循同样的衰减规律，这样只要能够找出土壤含水量的衰减规律，就可以确定前期有效降水量的变化规律。

当然，在前次降水的有效降水量还没衰减到零时可能又出现第二次或更多次降水，造成多次有效降水量的叠加，同样前期降水造成的土壤含水量的变化也是如此。为了使问题简化，假设每次降水的有效降水量衰减过程是相互独立的，同样每次降水增加的土壤含水量的衰减过程也是相互独立的，则多次降水的总有效降水量是每次降水的有效降水量的线性叠加，即

$$EF=EF_1+EF_2+\cdots+EF_n \tag{4-4}$$

$$EW=EW_1+EW_2+\cdots+EW_n+c \tag{4-5}$$

式中，EF 为总前期有效降水量；EF_1、EF_2 和 EF_n 分别为前 1 天、2 天和 n 天降水的有效降水量；EW 为总土壤含水量；EW_1、EW_2 和 EW_n 分别为前 1 天、2 天和 n 天降水增加的土壤含水量；c 为常数（基本土壤含水量）。

一般情况下，土壤含水量的增加随降水量的增加而递增，但因降水强度和降水过程的不同，使降水的入渗率不同，进一步造成土壤含水量增加的不一致，致使土壤含水量的增加并不随降水量的增加而严格递增。但在以 24h 为统计时段的统计分析中，为了使问题简化，可以假设在这个时间段内出现的降水造成的土壤含水量增加随降水量的增加而线性递增，又因降水为 0 时，土壤含水量增加也为 0，所以在这一假设下二者之间仅存在简单的系数关系。设前第 i 天降水的有效降水量 $EF_i=f(F, i)$，其中 F 为前第 i 天的降水量，前第 i 天降水增加的土壤含水量 $EW_i=g(W, i)$，其中 W 为前第 i 天在降水 F 作用下的土壤含水量增加，应有 $EF_i=kEW_i$，$F=kW$，则 $f(F, i)$ 和 $g(W, i)$ 应遵循同样的函数形式，即 $EF_i=g(F, i)$。这样就把无法直接确定的有效降水量问题转化成可以通过实际观测和统计学方法解决的土壤含水量问题。

2. 降水量与土壤含水量的观测

为了研究降水过后土壤含水量的衰减规律，确定 $EW_i=g(W, i)$ 的函数形式，我们在云南东川蒋家沟进行了连续 39 天土壤含水量和降水量的野外实地观测。

（1）观测时间：从 2003 年 7 月 30 日至 9 月 6 日。

（2）观测地点：云南省昆明市东川区蒋家沟。

（3）观测点基本特征：共选择 3 个观测点进行剖面观测。1 号观测点为半裸坡地，坡度 31°，坡向 NE25°；2 号观测点为郁闭度高的合欢林地，坡度 40°，坡向 NE20°；3 号观测点为裸露的平地。在每个观测剖面同时进行 6 个深度的土壤含水量观测，分别为地表、10cm、20cm、30cm、40cm、50cm。

（4）观测数据：三个观测剖面的土壤含水量变化和降水观测数据分别在图 4-3～图 4-5 中。

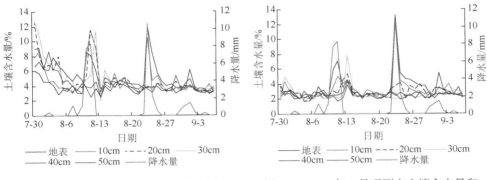

图 4-3　2003 年 1 号观测点土壤含水量和　　　　图 4-4　2003 年 2 号观测点土壤含水量和
　　　　　降水观测数据　　　　　　　　　　　　　　　　　　降水观测数据

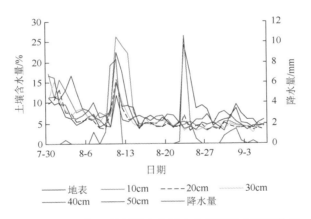

图 4-5　2003 年 3 号观测点土壤含水量和降水观测数据

3. 数据的分析和前期有效降水量的确定

1）观测数据分析

从图 4-3～图 4-5 的三组观测数据看，每次降水后土壤含水量迅速增加，降水过后土壤含水量迅速衰减，并且衰减到一定值后保持相对稳定，不同剖面和不同土壤深度的含水量都表现出相似的增加和衰减规律。根据对蒋家沟泥石流形成区的考察和观测，主要是坡地上浅表层土体饱和后失稳，在形成滑动后转化成流动，从而形成泥石流，而形成区绝大多数是半裸—裸坡地，因此 1 号观测点更符合泥石流形成区的地形特征，选择为分析对象。因大部分泥石流是浅层土体在降水作用下饱和后而形成，一般为 20～30cm 深，且根据崔鹏等（2003）对蒋家沟泥石流的研究和观测数据，一般的降水对 40cm 以下的土壤含水量变化影响较小，所以选择中间深度 20cm 进行土壤含水量变化分析。

为了确定 $EW_i=g(W,i)$ 的函数形式，对观测数据进行数理统计分析。从观测数据看，土壤中有个基本含水量，可以近似看作常数 c，可以认为它与具体的每次降水无关，因而函数 $g(W,i)$ 满足下面几个条件：

（1）$g(W,i)$是 W 的递增函数，是 i 的递减函数；

（2）$g(W,0)=W$，$g(0,i)=0$；

（3）$g(W,i)$衰减非常快，从 0 到无穷大对 i 求和应该收敛。

综合这几个条件可以假设

$$EW_i = W \times \frac{i+a^k}{(i+a)^k} \qquad (4\text{-}6)$$

则，土壤中的前期总含水量

$$EW = EW_1 + EW_2 + \cdots + EW_n + c = \sum_{i=1}^{n} W \times \frac{i+a^k}{(i+a)^k} + c \qquad (4\text{-}7)$$

欲使式（4-7）收敛，k 必须大于 2，选择 8 月 10～22 日的观测数据，使用非线性最小二乘法对 $k=3$，4，5 时进行拟合，结果是 $k=3$ 时拟合效果最好，并得到 $a=0.08$，$c=4.02$，即

$$EW_i = W \times \frac{i+0.08^3}{(i+0.08)^3} \qquad (4\text{-}8)$$

两个参数 95%的置信区间分别为（−0.02746，0.1868）和（3.565，4.479），均方根误差为 0.6148，拟合曲线和观测数据的对比如图 4-6 所示。

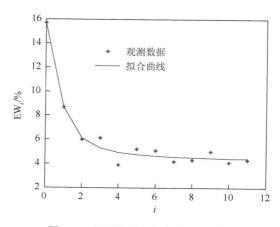

图 4-6　观测数据和拟合曲线的对比

2）前期有效降水量的确定

根据土壤含水量变化和有效降水量变化的关系分析，可以认为土壤含水量 EW_i 的变化与有效降水量 EF_i 的变化遵循同样的函数形式。因此，前第 i 天降水的有效降水量 EF_i 可表示为

$$EF_i = F \times \frac{i + 0.08^3}{(i + 0.08)^3} \qquad (4\text{-}9)$$

根据每次降水的有效降水量衰减过程是独立的假设，则预报前的总前期有效降水量 EF 可以表示为

$$EF = \sum_{i=1}^{n} F \times \frac{i + 0.08^3}{(i + 0.08)^3} \qquad (4\text{-}10)$$

式中，F 为预报前第 i 天的降水量。

虽然 EF 是收敛的，但为了计算的简便，在实际计算中可以将衰减到 0.1mm 的有效降水量忽略，因为 0.1mm 的有效降水量即使有 10 次，被忽略的有效降水量也只有 1mm，对建立在统计学基础上的泥石流预报已经没有实际意义。这样，n 的取值就会变得很有限，可以大大简化实际的计算。

（二）利用遥感反演土壤含水量评估前期有效降水量

近年来，随着卫星技术的发展，国内外开展了大量关于遥感获取土壤水分的研究（张仁华等，2001；韩丽娟等，2005；Temimi et al.，2007），并且取得了丰厚的研究成果。本书提出了在泥石流预报中，利用遥感数据反演土壤水分，并且针对该方法中由于天气条件和卫星因素造成的遥感数据不能获取的问题，提出了利用前一天遥感反演的土壤水分来预测未来土壤水分模型。

1. 遥感反演土壤水分的研究现状

20 世纪 60 年代末期，国外开始利用遥感方法进行土壤水分监测的可行性研究。1960 年 4 月 1 日美国发射了第一颗实验性气象卫星 TIROS-1，之后，气象卫星轨道从低轨（极地轨道）发展到高轨（地球静止轨道），发射卫星的国家或组织增加了欧盟、俄罗斯、日本、印度和中国。卫星的监测精度日渐提高，EOS/MODIS 数据的空间分辨率可达 250m，时间分辨率为一天四次。

土壤水分的遥感获取方法通常基于微波遥感和热红外遥感，微波遥感不受云和植被的影响，但是微波遥感的空间分辨率较低（约 10km），难以满足泥石流预报的需要。利用热红外遥感数据可以反演土壤含水量，其中具有代表性的是热惯量法、温度植被指数法和作物缺水指数法。

温度植被指数法（TVDI）利用植被指数与地表温度存在负相关关系，并且该关系对陆地表面湿度状况很敏感（Nemani et al.，1993）来反演土壤水分。由于其

计算简单,并且不需要地面观测资料,因此得到了广泛应用(Claps and Laguardia,2004;Ran et al.,2005;Mallick et al.,2007;Patel et al.,2009)。但是,该方法需要根据地表温度和植被指数构成的散点拟合特征空间的"干边"和"湿边",这就要求研究区域的植被状况包含从裸地到完全覆盖,土壤状况包含从干旱到湿润。对于泥石流多发的湿润地区而言,很难找到其干边。

作物缺水指数法(CWSI)(Idso et al.,1981;Jackson et al.,1981)以能量平衡为基础,来判断土壤水分。作物缺水指数法可以一定程度上反映植物根系范围内土壤水分的信息。作物缺水指数的实现需要计算实际蒸散与最大可能蒸散的比值。

SEBAL(Bastiaanssen et al.,1998)、SEBS(Su,2002)等单层模型和以 TSEB(Anderson et al.,1997)为代表的双层模型等是根据地表能量平衡和紊流扩散原理,利用遥感资料、常规气象资料并且考虑地形因子对其影响来建立模型计算实际蒸散和潜在蒸散。其中,SEBS 模型描述了地表能量通量估算中关键参数——热传输粗糙度长度。

SEBS 模型利用 Penman-Menteith 公式(Allen et al.,1998)计算极端湿润条件下的潜热通量,并且假定极端干燥条件下的潜热通量为 0。通过计算极端干燥和极端湿润情况下的显热通量来计算相对蒸发,进而获得实际蒸散量。在模型的运算过程中进行了归一化处理,具有较高的精度。同时,输出数据的空间分辨率取决于输入数据,不受模型条件的限制。该模型考虑了地形因子,在高植被覆盖下的山区具有好的应用前景。本书利用 SEBS 模型计算的实际蒸散和最大潜在蒸散量来计算 CWSI,进而反演土壤水分。

2. 原理与方法

CWSI 是基于能量平衡的方法提出的,在计算过程中,土壤水分含量越高,实际蒸散量越接近最大潜在蒸散量,当土壤水分很低时,我们认为实际的蒸散量为 0。根据这一原理,我们通过定义 CWSI 来表征土壤的干湿程度:

$$CWSI = 1 - LE/LE_{wet} \tag{4-11}$$

式中,LE 为实际蒸散量;LE_{wet} 为潜在最大蒸散量。

SEBS 为基于能量平衡的单源模型,其能量平衡方程为

$$LE = R_n - G - H \tag{4-12}$$

式中,土壤热通量 G 通过净辐射 R_n 和植被覆盖度 f_c 得到:

$$G = R_n[\Gamma_c + (1 - f_c) \cdot (\Gamma_s - \Gamma_c)] \tag{4-13}$$

式中,Γ_c 为植被完全覆盖时土壤热通量与净辐射的比值,取 0.05;Γ_s 为裸地土壤热通量与净辐射的比值,取 0.315;f_c 为植被覆盖率。

显热通量 H 的计算式为

$$H = \rho C_p \frac{T_r - T_a}{r_{ah}} \tag{4-14}$$

式中，ρ 为空气密度（kg/m³）；C_p 为定压比热[J/(kg·K)]；T_r-T_a 为冠气温差（℃）。r_{ah} 为热量传输的空气动力学阻抗，通过下式计算：

$$r_{ah} = \frac{1}{\kappa u_*}\left[\ln\left(\frac{z_t - d}{z_{0h}}\right) - \psi_h\left(\frac{z_t - d}{L}\right) + \psi_h\left(\frac{z_{0h}}{L}\right)\right] \tag{4-15}$$

式中，d 为风廓线零平面位移高度（m），$d=2/3h$，h 为植被高度（m）；ψ_h 为感热传输修正函数；L 为 Obukhov 长度；热量传输粗糙长度 z_{0h} 与动量传输粗糙长度 z_{0m} 关系如下：

$$\ln(z_{0m}/z_{0h}) = \kappa B^{-1} \tag{4-16}$$

$$\kappa B^{-1} = \frac{\kappa C_d}{4C_t\frac{u_*}{u_c}(1-e^{-n_{ec}/2})}f_c^2 + \frac{\kappa\frac{u_*}{u_c}\frac{z_{0m}}{h_c}}{C_t^*}f_c^2 f_s^2 + \kappa B_s^{-1}f_s^2 \tag{4-17}$$

式中，f_s 为裸土覆盖率；C_d 为叶片的拖曳系数，一般取 0.2；C_t 为叶片热交换系数，取值范围为 $0.005N \leqslant C_t \leqslant 0.075N$（$N$ 为叶片参与热交换的面数，取 1 或 2）；u_c 为冠层顶部的水平风速（m/s）；$n_{ec} = 0.5C_d \times LAI \times u_c^2/u_*^2$ 为冠层内风速剖面衰减系数；$C_t^* = Pr^{-2/3}Re_*^{-1/2}$ 为土壤热交换系数，普朗特数 $Pr = C_p\cdot v/\lambda_a$，$v$ 为大气动力学黏度，λ_a 为空气的导热系数；粗糙度雷诺数 $Re_* = h_s u_*/v$，h_s 为土壤表面动量传输粗糙长度。裸土表面 κB_s^{-1} 公式如下：

$$\kappa B_s^{-1} = 2.46(Re_*)^{1/4} - \ln[7.4] \tag{4-18}$$

为了使估算的潜热通量位于一个合理的范围内，对 LE 设定干限 LE_{dry} 和湿限 LE_{wet}，前者为 0，后者利用不考虑表面阻抗的 Penman-Monteith 公式计算：

$$LE_{wet} = \frac{\Delta(R_n - G) + \rho C_p(e_s - e_a)/r_{ah}}{\Delta + r} \tag{4-19}$$

式中，Δ 为饱和水汽压-温度曲线斜率（hPa/℃）；γ 为湿度计常数（hPa/℃）；r_{ah} 为空气动力学阻力（s/m）；(e_s-e_a) 为饱和水汽压与实际水汽压差（hPa）。

3. 研究区域

浙江省拥有陆地面积 101800km²，其中 70.4%为丘陵和山区（图 4-7）。最高海拔 1914m。在其土地利用类型中，森林的面积占陆地总面积的 62.8%，水田和城镇次之。浙江省气候温和，植被覆盖度较高，年平均降水量为 980～2000mm，受梅雨和台风的影响，降水主要发生在 4～10 月。高强度的降水和高差导致滑坡和泥石流的频繁发生。

4. 数据来源

美国地球观测系统（earth observing system，EOS）所携带的重要观测仪器 MODIS，地面分辨率高，分别为 250m、500m 和 1000m，扫描宽度为 2330km；时间分辨率优势明显,每天过境4次,对于突发自然灾害具有很强的实时监测能力;光谱分辨率为0.62~14.385μm,36个光谱波段,丰富了地面信息,提高了对地观测和识别的能力。

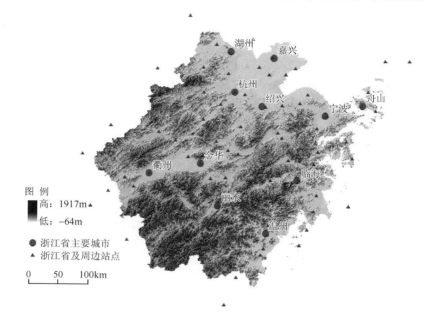

图4-7 浙江省地形图和取样站点

本书的遥感数据来源于美国国家航空航天局(NASA)2008年7~9月6个晴天上午MODIS地表反射率产品(MOD09)、陆地表面温度产品(MOD11)和16天的归一化植被指数产品(MOD13),分辨率均为1km×1km。气象数据包括2008年7~9月浙江省72个地面气象观测站点以及浙江省周边省份11个观测站卫星过境时刻的气温、风速和水汽压。浙江省68个站点2008年7~9月土壤相对湿度逢8观测数据作为遥感反演的验证数据。

此外,本书还利用一些地面基础数据包括浙江省土地利用分类图、数字高程模型数据(DEM)等。

5. 数据处理

1)模型输入数据

模型的输入数据包括三类。①遥感数据:包括从卫星上获取的地表反射率、归一化植被指数、陆地表面温度;②气象数据:气温、水汽压、风速;③地理数据:海拔、坡度、水流方向、各点的地理纬度、土地利用情况以及植被冠层高度等。这些数据都直接或间接地用到模型中。

2)气象数据空间插值

从地面气象观测站得到的气温、风速和水汽压都为单站数据,通过 Kriging

插值分析和重采样，我们得到了气温、风速和水汽压的栅格数据，精度为 1km×
1km。为了消除高度对插值的影响，使得插值从二维空间降到一维空间。在插值
之前，依照前面提到的温度随高度变化的订正方法，将各个站点的气温订正到海
平面高度，插值后再将气温订正到其真实的海拔。调整后的温度 T_s' 与原始温度 T_s、
地面高程 Z 的关系如下：

$$T_s' = T_s + 0.065Z \qquad\qquad (4\text{-}20)$$

6. 结果分析

浙江省土壤相对湿度为 0%～20%时为特重旱、20%～40%时为重旱，40%～
60%时为轻中旱，60%～90%时为适宜，大于等于90%时过湿。齐述华（2004）划
分了土壤干旱等级：0～0.2 为一级，极湿润；0.2～0.4 为二级，湿润；0.4～0.6
为三级，正常；0.6～0.8 为四级，干旱；0.8～1 为五级，重旱。浙江省 2008 年 7
月 17 日的 CWSI 如图 4-8 所示，我们将 6 天测得的不同深度的土壤相对湿度与
CWSI 对比分析，土壤相对湿度与 CWSI 呈负相关关系。在 0～10cm、10～20cm、
20～30cm 土层内，CWSI 反演结果与实测值的相关系数分别为–0.89、–0.77、–0.64。
根据显著性检验表，上述相关系数均通过了 α=0.05 的 K 检验。

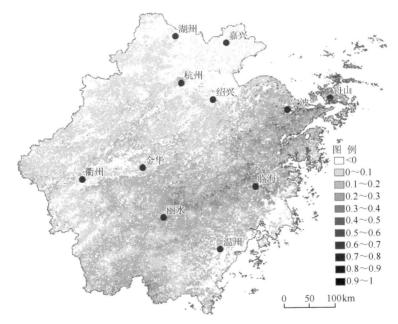

图 4-8 CWSI 反演结果（以 2008 年 7 月 17 日为例）

根据 CWSI 与实测土壤含水量的相关关系，建立 2008 年 7～9 月土壤含水量
的回归方程，从而能够得到全省表层土壤含水量数据（图 4-9～图 4-11）。

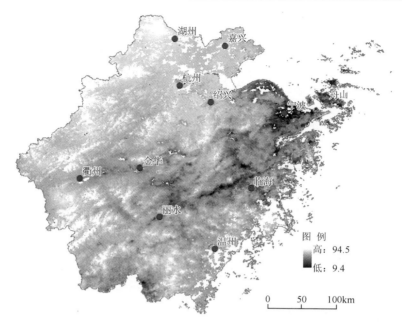

图 4-9　利用方程 $y_{0\sim10cm}=-93.586x+85.173$ 估算浙江省 $0\sim10$cm 土壤含水量
（以 2008 年 7 月 17 日为例）

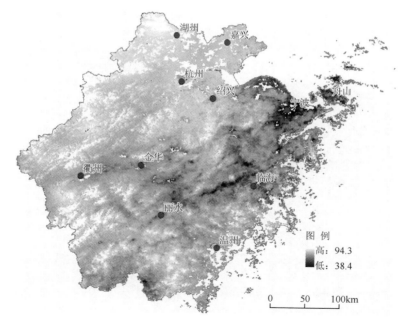

图 4-10　利用方程 $y_{10\sim20cm}=-61.517x+88.15$ 估算浙江省 $10\sim20$cm 土壤含水量
（以 2008 年 7 月 17 日为例）

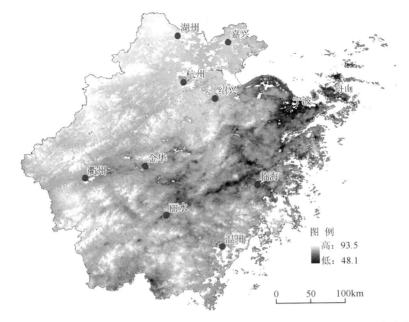

图 4-11　利用方程 $y_{20\sim30cm}=-49.974x+88.541$.估算浙江省 20～30cm 土壤含水量
（以 2008 年 7 月 17 日为例）

（三）前期有效降水量的内插方法

1. 降水内插分析现状

在泥石流预报中，前期降水量是一个重要的指标。在实际的泥石流预报中，前期降水量主要是从离散的雨量观测站观测的实况降水间接获取，也就是将离散的测站降水从点通过内插的方式扩展到面。现有的 GIS 软件所提供的可以用于降水内插分析的方法，如反距离加权内插和克立金内插等方法，都没有考虑影响山区降水时空分布的下垫面条件。另外，还有其他诸如单纯的回归分析法和函数插值法等。

泥石流多发生在山区，而山区降水时空分布受山区复杂地形等下垫面因素的影响巨大。例如，Basist 等（1994）研究了全球 10 个不同山区的 6 个地形变量与年均降水量之间的统计关系，Christel 和 Duncan（1998）研究了苏格兰山区极端降水与地形的关系，Naoum 和 Tsanis（2004）给出了希腊克利特岛地形性降水的多元回归关系，郭迎春（1994）研究了太行山燕山地区、秦成（1995）研究了广西大明山地区根据地形推算降水的方法，魏文遂等（1995）、张连强等（1996）、孙鹏森等（2004）及刘金涛和张佳宝（2006）也分别研究了我国不同地区的山区降水分布情况。这些研究均表明山区降水分布具有一定的规律性，对泥石流预报中前期有效降水量的确定具有一定的参考意义。山区雨量观测站密度相对偏小，采用基于一般统计模型的内插方法确定泥石流预报单元上的前期有效降水量，不考虑下垫面因素对山区降水时空分布的影响，只是采用处理受偶发性因素影响极大的天气事件的方式，必然难以和具有较长时段的前期降水实际分布情况很好吻合（Goodin et al.，1979；Bolstad et al.，1998；Jarvis and Stuar，2001）。

为了对泥石流预报提供更加准确可靠的前期降水支持，利用泥石流预报区及其周围雨量站观测的历史实况降水数据，结合影响该地区降水时空分布的下垫面关键因子和前期降水计算时段内各站点的实况降水，建立能更好地确定前期降水的内插模型和方法。

2. 影响降水时空分布的下垫面关键因子识别

山区地广人稀，由于受自然的和人为的各种条件的限制，雨量观测站布设的密度比较小，仅仅利用这些雨量观测站观测的降水实况资料是远远不能满足为泥石流预报提供所需要的准确可靠的前期有效降水数据支持的。如何对影响降水时空分布的下垫面要素进行模拟，找出各要素之间的定量关系，以便根据现有雨量观测站的实况降水数据来估算无降水观测区域的降水状况，这是利用雨量观测站的降水实况数据确定泥石流预报中前期有效降水量的一个重要问题。

在山区，地形不仅以海拔、坡向等一般规律影响降水的分布，而且还通过对天气系统的移动，局地性天气系统的发生、发展和消亡来影响局地降水，出现异常的地形降水分布（林之光，1995）。对山区一定时段降水分布有影响的下垫面因素主要有地理位置因素（经度 λ 和纬度 φ）、宏观（大）地形因素（坡向 α、坡度 β 等）、局地海拔（h）和微观地形因素（遮蔽度 s）。

在自由的大气中，随着地面高程的增加，降水云层逐渐减薄，降水量和降水强度呈现逐渐减小的趋势。因而，高原上的大气柱短，且高原气温低水汽含量少，大气中水汽总含量急剧减少，使得大气中的"可降水量"也比平原少。然而，这只是对下垫面是平坦的高原而言。对于下垫面不是平坦的高原，而是逐渐抬升的斜坡，由于气流在坡上也被迫抬升，使大量水汽不断发生凝结而降水，所以导致在山区，降水量和降水日数一般都是随海拔的增加而增加的。

对山区降水时空分布影响较大的还有坡向。气流在迎风坡上被迫抬升，中途不断发生大量降水，只要山脉足够高，总会有一个高度，在其上，降水量随高度的增加而减小。越过山脊以后到背风坡，气流中的水汽与迎风坡上的相比，已大大减少，因而降水量也比迎风坡上少得多，而且，由于背风坡上气流水汽含量少，因而凝结高度也比迎风坡高，自凝结高度以下气流按干绝热递减率下降，每降100m升温1℃左右，因而背风坡中下部气温常比迎风坡相同高度上的气温要高，气温增高的结果，更加降低了气流的相对湿度，导致背风坡下部降水偏少且气候干燥。因此，迎风坡降水增加区和降水较平原多的背风坡上部山区，是山地地形对降水影响的正的效应，而背风坡下部的减雨区和山后平原上的雨区则是负的效应。对于一个由多道山脉组成的山区而言，迎风方向的最外一道山脉的最大降水高度要比内部山脉低。对于同一段山脉，如果当地有雨旱季节更替的话，则旱季的最大降水高度更比雨季高；在同一地区同一季节中，最大降水高度又以气流湿润、湿层深厚的气流比干燥而湿层薄的气流低。

在地形复杂的山区，局地的热力作用往往是影响降水的重要因素，随着坡度的增加、气流上升运动的加强，降水也在增加。在考虑山区降水时，坡度是不可忽略的因素。

遮蔽度定义为距离中心点 i 千米范围内高程高于中心点的格点数与该范围内所有格点数的比值。遮蔽度是影响局地气流环流的因素，也是影响水汽流入量的地形因素。在地形起伏较大的地区，这一因子能较好地反映地形对降水的影响。

我国大部分地区属于季风气候，夏半年与冬半年大气环流差异很大，夏半年兼受东南季风和西南季风的影响，主要来自南海的东南水汽流和来自孟加拉湾、印度洋的西南水汽流。这两支水汽流均来自于热带海洋，水汽含量高，带来丰沛的降水。两支季风的深入程度、强度及进退时间极大地影响着本区降水的时空分布，对泥石流活动亦产生极大的影响。

3. 前期有效降水量的内插模型

每个泥石流预报单元的前期有效降水量，定义为泥石流预报单元中各点前期有效降水量的平均值，可以表示为

$$\overline{P} = \frac{1}{A} \int_A p \, \mathrm{d}A \tag{4-21}$$

式中，$\overline{P}$ 为泥石流预报单元格的前期有效降水量；A 为泥石流预报单元格的面积；p 为单元格内有限元 $\mathrm{d}A$ 上的前期有效降水量。

利用雨量观测站的实况降水数据确定泥石流预报中每个预报单元的前期有效降水量，通常分为两个步骤：选用适当的降水衰减公式分别计算各雨量站的实况降水，得到泥石流预报区及其周围一定范围内每个雨量站点的前期有效降水量；利用降水内插方法（如最近邻法、反距离加权法、样条函数法和克里金插值法等）将前期有效降水量从点（雨量站）扩展（内插）到面（泥石流预报区各预报单元）。在不考虑下垫面对降水时空分布影响时，各种内插方法的效果很难分出优劣。但由于山区降水受下垫面因素影响较大，必须结合下垫面因素才能较为准确地确定前期有效降水量。泥石流预报中的前期降水是较长时段内（一般为 10~20d）的降水，作为气候的一个要素，在考虑地形影响的情况下，影响降水的变量参数随着时间尺度的增大而减少（Goovaerts，2000），其时空分布具有在历史同期上的相对连续性和在一定尺度空间分布上的相对稳定性，充分利用前期降水作为气候要素的特性，可以为泥石流预报提供较为准确可靠的前期有效降水量。

对于一定时段降水空间分布的模拟，有理论模拟和经验模拟两种方法。理论

方法物理基础强，推导严谨，但由于影响降水空间分布的自然因子复杂，特别是山区地形变化多样，不可能用数学函数如实地反映下垫面的自然变化，总要做一系列理想化和简单化的假定，将方程式和边界条件进行简化才能求解，这样所给出的结果，往往与实际情况具有量级上的差异。经验方法简单容易，有时也能解决实际问题，但往往带有较大局限性和片面性。在当前的情况下，比较切实可行且能得到比较符合实际的结果或实用价值较大的降水分布模拟方法，就是经验和理论相结合的方法。它既有一定的物理基础，又尽量利用现有的可以利用的实际观测资料；没有纯理论方法那样严谨，但因尽可能利用了现有的实际资料，可以比较客观地反映实际情况；虽然具有经验性，但又有一定的物理基础，可以避免纯经验方法的片面性。

山区降水的气候学方程通常可表示为

$$R' = R(\lambda, \ \varphi, \ \alpha, \ \beta, \ h, \ s) + \varepsilon \qquad (4\text{-}22)$$

式中，R' 为待求降水量推算值；R 为一定时段的实际降水量；λ 为单元中心点的经度；φ 为单元中心点纬度；α 为单元格坡向；β 为单元格坡度；h 为单元格海拔；s 为单元格的遮蔽度；ε 为误差。

在泥石流预报中，前期降水是考虑前 n 天（受时空的变化、辐射强度、蒸发量、径流以及土体的渗透能力等多种因素的影响，不同区域不同时间段，由于降水衰减情况的不同，n 可能取不同的值）经过衰减后累积的有效降水量，能够反映一定程度的气候特征，而气候又有着相对稳定的规律，不像天气过程那样有着太多的偶然性和不确定性，因此，对 n 天为一个时段的降水而言，降水的时空分布也就有相对稳定的规律性。

根据泥石流预报区及其周围雨量站最近 30 年来的降水实况观测数据，得到这些测站历史上同期平均降水量，以此为基础，利用式（4-23）求得每个测站每天在其前 n 天的总降水量的平均值。

$$\bar{P}_i = \sum_{j=1}^{n} \bar{P}_{ij} \qquad (4\text{-}23)$$

式中，$\bar{P}_{ij}$ 为第 i 个测站汛期某天前第 j 天的平均降水量；n 为考虑前期降水的天数；$\bar{P}_i$ 为第 i 个测站该天 30 年来前 n 天总降水量的历史平均值。

依次分析各测站每天的前期降水量（$\bar{P}_i$）与经度（λ）、纬度（φ）、高程（h）、坡度（α）、坡向（β）和遮蔽度（s）的关系，分别建立每天的前期降水量 P 与影响降水时空分布的各因素之间的回归方程式：

$$P = P(\lambda, \ \varphi, \ \alpha, \ \beta, \ h, \ s) \qquad (4\text{-}24)$$

提取每个泥石流预报单元影响降水分布的 6 个因素，利用式（4-24）分别得到汛期每个泥石流预报单元每天前期降水量的推算值（图 4-12）。

图 4-13 中的单元格 X 是前期降水量待求的格点，A、B、C、D、E 是 X 周围所能搜索到的雨量观测站。

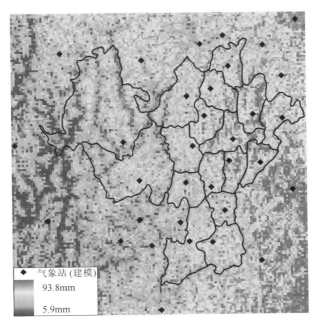

图 4-12　泥石流预报单元 5 月 21 日前期降水量推算值（后附彩图）

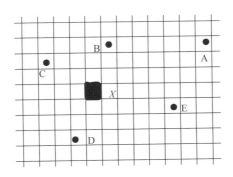

图 4-13　实况降水的内插格点示意图

　　鉴于泥石流预报中前期有效水量时空分布具有气候特征的相对稳定性特点，可以认为待测单元格 X 与周围测站满足以下比例关系：

$$\frac{P'_x}{P_x} = \frac{P'_i}{P_i} \tag{4-25}$$

即

$$P'_x = \frac{P'_i}{P_i} \times P_x \tag{4-26}$$

式中，P'_x 为 X 汛期某天的前期有效降水量待求实况值；P_x 为 X 汛期该天的前期降水量推算值；P_i' 为测站 i 汛期该天的前期有效降水量实况值；P_i 为测站 i 汛期该天的前期降水量推算值。

考虑待测单元格 X 周围各测站和 X 的关系，式（4-26）可进一步改写为

$$P_x' = \sum_{i=1}^{n} \lambda_i P_x P_i'/P_i \tag{4-27}$$

式中，i 为第 i 个测站点；n 为待定点 X 周围一定范围内的测站数；λ_i 为测站 i 的权重，其值为

$$\lambda_i = \frac{1/d_i}{\sum_{j=1}^{n} 1/d_j} \tag{4-28}$$

式中，d_i 为测站点 i 与待定点 X 间的几何距离；d_j 为测站点 j 与待定点 X 间的欧氏距离。

由于同时考虑了相对稳定的下垫面因素（通过每个单元格的前期有效降水量的推算值体现）和随时可能发生变化的降水实况观测数据（通过待定点周围一定范围内的测站的前期有效降水量实况值体现），这就较好地解决了一般的适于气候（较长时段）的内插方法只考虑不变的下垫面因素而把降水相对固定下来的问题；同时也克服了一般的不考虑下垫面因素影响的降水内插方法与研究区实际不符合的缺陷。得到各泥石流预报单元的前期有效降水量（图 4-14）。

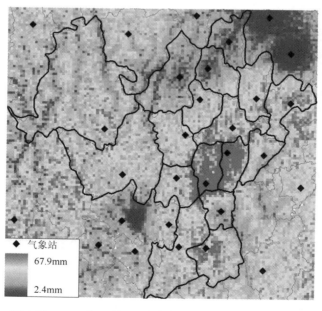

图 4-14   2007 年 5 月 21 日前期有效降水量（后附彩图）

三、预报降水的获取与分析

（一）数值天气预报

1. 获取方法

数值天气预报已经成为我国天气预报的最重要手段，可以提供较高精度和分辨率的降水客观预报，目前我国常用的数值天气预报模式如下。

1）MM5 模式

MM5（mesoscale model version 5）模式是由美国宾州大学（Penn State University）和美国国家大气研究中心（NCAR）开发的建立在多重嵌套网格上的格点差分模式。模式水平分辨率可达到 5km，垂直分辨率可达 40 层，网格嵌套层数最多可达 10 层，垂直方向采用 σ 坐标，水平方向采用 Arakawa B 型跳点坐标，垂直分辨率和水平分辨率可以根据具体应用进行调整。

在业务运作上，大气初始状况的分析是利用最新气象观测资料订正先前的短期模式预报，再进行新一轮的预报运算，根据计算条件的发展，可调整网格数目和格距。MM5 可以广泛用于理论研究和实时业务，包括对季风、飓风和气旋的预报模拟及在四维资料同化中的应用。在中小尺度上，MM5 模式对诸如中尺度对流系统、锋面、海陆风、山谷环流，以及都市热岛等气象现象的研究都有优势。近年来，MM5 模式系统在我国各省开展精细化天气预报业务中担当了重要角色。在 MM5 基础上建立的区域中尺度数值预报系统能输出高时间、高空间分辨率的 36h 数值预报产品，水平分辨率为 6～54km，垂直分辨率小于 1km，可以预测未来 12～36h 每 3h 的天气变化情况。

2）WRF 模式

天气研究和预报模型（weather research and forecasting，WRF）是新一代的中尺度数值天气预报系统。它由美国国家大气研究中心（NCAR）、美国国家海洋和大气管理局（NOAA）、国家环境预报中心（NCEP）、预报系统实验室（FSL）、空军气象局（AFWA）、海军研究实验室、俄克拉荷马（Oklahoma）大学、联邦航空局（FAA）等众多单位联合开发而成。系统开发的目的是服务于业务预报和大气研究的需要，其空间预报尺度宽，可以从数米到数千千米。

WRF（the weather research and forecast）模式是一个完全可压非静力模式，控制方程组都写为通量形式。它的显著特征是具有多重动力核心，三维变量数据同化系统，并且在软件架构上考虑了并行计算和系统的可扩展性。WRF 广泛适用于从米级到数千千米级的尺度应用，网格形式采用 Arakawa C 格点，有利于在高分辨率模拟中提高准确性。模式的动力框架有三个不同的方案，前两个方案都采用时间分裂显式方案来解动力方程组，即模式中垂直高频波的求解采用隐式方案，其他的波动则采用显式方案。这两种方案的最大区别在于它们所采用的垂直坐标不同，分别是几何高度坐标和质量（静力气压）坐标。第三种模式框架方案是采用半隐式半拉格朗日方案来求解动力方程组。这种方案的优点是能采用比前两种模式框架方案更长的时间步长。目前，前两种方案都已经实现，而第三种方案还未对外发布。WRF 模式应用了继承式软件设计、多级并行分解算法、选择式软件管理工具、中间软件包（连接信息交换、输入/输出以及其他服务程序的外部软件包）结构，并将有更为先进的数值计算和资料同化技术、多重移动套网格性能以及更为完善的物理过程（尤其是对流和中尺度降水过程）。因此，WRF 模式将有广泛的应用前景，包括在天气预报、大气化学、区域气候、纯粹的模拟研究等方面的应用，它将有助于开展针对我国不同类型、不同地域天气过程的高分辨率数值模拟，提高我国天气预报的分辨率和准确性。

3）T213L31 模式

国家气象中心数值室在欧洲中期数值预报中心 IFS（integrated forecasting system）模式框架的基础上，经过移植改造和自行开发与其配套的最优插值资料分析同化方案、模式后处理方案、大规模并行机环境下的自动化运行流程及作业监控方案等，形成了我国新一代全球中期数值预报业务系统——T213L31，并于 2002 年 9 月起正式业务化。

T213L31 模式作为国家气象中心新一代高分辨率业务模式，是新的全球资料同化预报中的一个重要组成部分。它采用国际上 20 世纪 90 年代中后期数值预报的先进技术，包括先进的动力框架和物理过程、高效的计算方法、精简格点、分布并行计算等现代技术。该模式每天可制作一次 10d 的中期数值天气预报，其最大水平分辨率约为 60km，时间分辨率为 6h。

2. 数据分析处理

降水数值预报就是将已有的实时气象观测资料作为初值，通过求解流体力学和热力学方程组，获得未来一段时间的降水分布。通过改变优化数值预报的初始场，可以得到时间上和空间上分辨率都比较高的定量降水预报，即精细化降水数值预报。降水数值预报产品是预报范围内各格点逐时间分辨率时间段的预报降水量，不同的模式产品大同小异。图 4-15 是中央气象台下发的 WRF 模式降水预报产品一个时次的原文件格式。经度范围为 88.36°～135.2°，经度方向格距为 0.0567°，纬度范围为 16.85°～55°，纬度方向格距为 0.0457°，时间分辨率为 1h，降水量单位为 mm，在设定的边界以外没有数据的格点以一个大数 9999.0000 表示。

9999.0000	9999.0000	9999.0000	9999.0000	9999.0000	9999.0000	9999.0000	9999.0000	9999.0000	9999.0000
9999.0000	0.0000	0.0000	0.0000	0.0000	0.0000	0.0000	0.0000	0.0000	0.0000
0.0000	0.0000	0.0000	0.0000	0.0000	0.0000	0.0000	0.0000	0.0026	0.7738
1.2278	1.2620	1.2407	1.2055	1.1534	1.1536	1.0208	0.3221	0.0613	0.0035
0.0067	0.0174	0.0470	0.0025	0.0030	0.5603	0.8215	0.8217	0.7881	0.7213
0.5429	0.3924	0.2514	0.2783	0.4498	0.2296	0.0205	0.0060	0.0576	0.0393
0.0319	0.0588	0.0555	0.0921	0.0637	0.2342	0.0576	0.0000	0.0000	0.0000
0.0000	0.0000	0.0000	0.0000	0.0013	0.4128	0.7531	0.7242	0.6664	0.5901
0.3986	0.2355	0.0033	0.0371	0.3248	0.3887	0.0000	0.0000	0.0000	0.0000
0.0000	0.0171	0.0244	0.0607	0.1808	0.1400	0.0167	0.0000	0.0000	0.0002
0.0000	0.0000	0.0000	0.0125	0.5122	1.2031	1.2283	1.5368	1.5522	2.0017	1.7877
1.1421	0.8143	0.3484	0.0000	0.0000	0.0000	0.0000	0.0000	0.0000	0.0402
0.3079	0.6411	1.0186	1.3055	1.4569	1.4184	1.3418	1.4326	1.6387	1.7457
1.6888	2.0864	2.3949	1.9101	1.9606	2.0738	2.0577	1.9707	2.0937	2.1835
2.1869	1.6950	1.2473	0.5067	0.0212	0.0000	0.0000	0.0000	0.0000	0.0000
0.0000	0.0000	0.0000	0.0000	0.0000	0.0000	0.0000	0.0000	0.0022	0.0000
0.0000	0.0010	0.0799	0.1639	0.2532	0.2338	0.1818	0.0565	0.0309	0.1074
0.3149	0.2748	0.2316	0.2112	0.1351	0.0085	0.0000	0.0000	0.0000	0.0000
0.0000	0.0000	0.0000	0.0000	0.0000	0.0000	0.0000	0.0000	0.0000	0.0000
0.0000	0.0000	0.0474	0.2971	0.3819	0.0741	−0.0016	0.0000	0.0000	0.0000
0.0000	0.0000	0.0000	0.0000	0.0000	0.0000	0.0000	0.2458	0.2321	0.0000
0.4451	0.5036	0.0672	0.2013	0.0000	0.0302	0.0000	0.0000	0.0000	0.0000
0.0000	0.0000	0.0022	0.0531	0.9740	1.5636	1.5877	1.4020	1.2700	1.0889
0.7982	0.5052	0.4091	0.6372	1.2407	1.2738	1.2454	1.1836	1.1776	1.1515
1.2216	1.3038	1.3826	1.2629	1.0608	1.0959	1.0811	0.9577	0.8618	0.7097
0.5047	0.2950	0.0617	0.0038	0.0000	0.0000	0.0000	0.0000	0.0000	0.0000
0.0000	0.0000	0.0000	0.0000	0.0000	0.0000	0.0000	0.0000	0.0000	0.0000
0.0000	0.0000	0.0000	0.0000	0.0000	0.0000	0.0000	0.0000	0.0000	0.0000
0.0000	0.0000	0.0000	0.0000	0.0000	0.0000	0.0000	0.0000	0.0000	0.0000
0.0000	0.0000	0.0000	0.0000	0.0000	9999.0000	9999.0000	9999.0000	9999.0000	9999.0000
9999.0000	9999.0000	9999.0000	9999.0000	9999.0000	9999.0000	9999.0000	9999.0000	9999.0000	9999.0000
9999.0000	9999.0000	9999.0000	9999.0000	9999.0000	9999.0000	9999.0000	9999.0000	9999.0000	9999.0000
9999.0000	9999.0000	9999.0000	9999.0000	9999.0000	9999.0000	9999.0000	9999.0000	9999.0000	9999.0000
9999.0000	9999.0000	9999.0000	9999.0000	9999.0000	9999.0000	9999.0000	9999.0000	9999.0000	9999.0000
9999.0000	9999.0000	9999.0000	9999.0000	9999.0000	9999.0000	9999.0000	9999.0000	9999.0000	9999.0000
9999.0000	9999.0000	9999.0000	9999.0000	9999.0000	9999.0000	9999.0000	9999.0000	9999.0000	9999.0000
9999.0000	9999.0000	9999.0000	9999.0000	9999.0000	9999.0000	9999.0000	9999.0000	9999.0000	9999.0000
9999.0000	9999.0000	9999.0000	9999.0000	9999.0000	9999.0000	9999.0000	9999.0000	9999.0000	9999.0000
9999.0000	0.0000	0.0000	0.0000	0.0000	0.0000	0.0000	0.0000	0.0000	0.0000
0.0000	0.0000	0.0000	0.0000	0.0000	0.0000	0.0000	0.0000	0.0000	0.0000

图 4-15　WRF 模式的降水预报产品文件

　　为了获取适合泥石流预报时效的预报降水量和降水强度，我们需要对降水数值预报产品进行处理和分析，处理流程如图 4-16 所示。

　　由于精细化降水数值预报格网划分已经比较细，所以处理流程中重采样所选用的方法对结果的影响就不是很大，多采用双线性内插的方法。

　　降水强度的计算采用张学文等（1991）的公式：

$$\frac{r}{R}=\frac{t}{T}\left(1-\ln\frac{t}{T}\right) \tag{4-29}$$

式中，T 为一场降水的持续时间（降水历时）；R 为 T 时段内的降水量；t 为 T 时段内的一个时间单位；r 为 t 时段的降水强度。

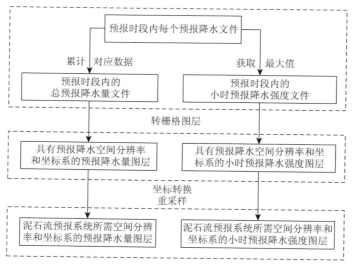

图 4-16　数值预报降水处理流程

（二）多普勒天气雷达

1. 获取方法

我国目前使用的天气雷达为新一代多普勒天气雷达。新一代多普勒天气雷达除能起到常规天气雷达利用云雨目标物对雷达所发射电磁波的散射回波来测定其空间位置、强弱分布、垂直结构等的作用外，还可以利用物理学上的多普勒效应来测定降水粒子的径向运动速度，推断降水云体的移动速度、风场结构特征、垂直气流速度等。新一代多普勒天气雷达可以有效地监测暴雨、冰雹、龙卷风等灾害性天气的发生、发展；同时还具有良好的定量测量回波强度的性能，可以定量估测大范围降水；多普勒天气雷达除实时提供各种图像信息外，还可提供对多种灾害性天气的自动识别、追踪产品。

新一代多普勒天气雷达产品包括基本产品和导出产品。基本产品有三个：反射率因子、平均径向速度、谱宽。导出产品是雷达产品生成系统根据基本数据资料通过气象算法处理后得到的产品，比较重要的有相对于风暴的平均径向速度图、相对于风暴的平均径向速度区、强天气分析、组合反射率因子、回波顶、剖面产品等。到目前为止，最常用的还是基本产品，导出产品只起提示和参考作用。

2. 数据分析处理

多普勒天气雷达能够采集实时降水粒子的分布情况，快速准确地捕捉局地强对流天气过程，获取高精度的降水监测预报产品，地面空间分辨率高达 1km，但由于观测范围有限，只能用于中小尺度的短临泥石流区域预报。

选取多普勒天气雷达提供的雷达回波强度产品（dB，21#）（图 4-17）和垂直累积液态水产品（VIL，57#）（图 4-18），通过分别统计分析汛期有雨日两种雷达产品信息和观测的实况降水不同量级之间的对应关系，对二者得到的降水做加权累计，可以得到能够更加客观地反映实际情况的泥石流预报时段（3h）内的预报降水量和最大 1h 降水强度。

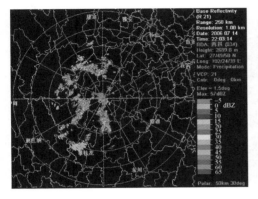

图 4-17　2006 年 7 月 14 日 22 点西昌多普勒　　图 4-18　2006 年 7 月 14 日 22 点西昌多普勒
　　　　天气雷达 21#产品（后附彩图）　　　　　　　　　天气雷达 57#产品（后附彩图）

在以多普勒天气雷达降水产品作为预报降水的短临泥石流区域预报中，预报降水分析处理方法如下：

分别对 21#产品影像和 57#产品影像利用式（4-30）进行几何变换。

$$\begin{cases} X = Ax + By + C \\ Y = Dx + Ey + F \end{cases} \qquad (4\text{-}30)$$

式中，X、Y 为地面坐标；x、y 为影像坐标；A、B、C、D、E、F 为变换系数。

在雷达影像上选取已知地面坐标的像点（控制点）数不少于 3 个，把它们的影像坐标和相应的地面坐标代入式（4-30）得到方程组，并对其法化解算得到 6 个变换系数（A、B、C、D、E、F）的最小二乘解，对雷达影像进行绝对定向，建立雷达影像像点坐标和对应地面坐标之间的映射，从而获取每个泥石流预报单元对应两种雷达产品的信息值，进而利用两种雷达产品信息值和降水量级之间的关系加权累计求得预报降水量和降水强度。

在预报降水量和降水强度计算中，根据历史数据统计分析和预报员的经验做微调，确定 21#产品的权重为 2/3，57#产品的权重为 1/3，可以较好地反映实际的降水预报情况。

参 考 文 献

陈景武. 1990. 蒋家沟暴雨泥石流预报研究. 云南蒋家沟泥石流观测研究. 北京：科学出版社：197-213.

崔鹏, 杨坤, 陈杰. 2003. 前期降雨对泥石流形成的贡献——以蒋家沟泥石流形成为例. 中国水土保持科学, 1 (1): 11-15.

郭迎春. 1994. 太行山燕山山地降水推算方法研究. 地理学与国土研究, 10 (3): 35-39.

韩丽娟, 王鹏新, 王锦地等. 2005. 植被指数-地表温度构成的特征空间研究. 中国科学 (D 辑), 35 (04): 371-377.

濑尾克美, 五代均, 原義文等. 1985. 土石流警戒·避難基準としての降雨指標について.新砂防, 38 (2): 16-21.

林孝標, 我部山佳久, 小山内信智. 2000. 警戒体制解除の目安としての土石流警戒避難基準雨量の運用に関すゐ検討. 砂防学会誌, 53 (2): 57-61.

林之光. 1995. 地形降水气候学. 北京: 科学出版社.

刘金涛, 张佳宝. 2006. 山区降水空间分布的报告会分析. 灌溉排水学报, 25 (2): 34-38.

刘志澄, 李柏, 翟武全. 2002. 新一代天气雷达系统环境及运行管理. 北京: 气象出版社.

齐述华. 2004. 干旱监测遥感模型和中国干旱时空分析. 北京: 中国科学院研究生院博士学位论文.

秦成. 1995. 大明山降水的推算. 广西师范学院学报, (2): 12-17.

沈桐立, 田永祥, 葛孝贞等. 2003. 数值天气预报. 北京: 气象出版社.

孙鹏森, 刘世荣, 李崇巍. 2004. 基于地形和主风向效应模拟山区降水空间分布. 生态学报, 24 (9): 1910-1916.

谭炳炎, 段爱英. 1995. 山区铁路沿线暴雨泥石流预报的研究. 自然灾害学报, 4 (2): 43-52.

谭万沛. 1988. 八步里沟降雨的垂直分布特征与泥石流预报的雨量指标. 四川气象, 8 (2): 25-28.

谭万沛. 1989. 泥石流沟的临界雨量线分布特征. 水土保持通报, 9 (6): 21-26.

藤井恒一郎, 久保田哲也, 奧村武信. 1994. 土石流発生警の発令及び避難指示の的確性向上に関する研究. 新砂防, 47 (2): 35-42.

韦方强, 胡凯衡, 陈杰. 2005. 泥石流预报中前期降水量的确定. 山地学报, 23 (4): 453-457.

魏文遂, 陈西川, 张中平. 1995. 山区降水量概率分布推断及其应用.南京气象学院学报, 18 (2): 307-312.

张连强, 赵有中, 欧阳宗继等. 1996. 运用地理因子推算山区降水量的研究.中国农业气象, 17 (2): 6-10.

张仁华, 孙晓敏, 刘纪远. 2001. 等定量遥感反演作物蒸腾和土壤水分利用率的区域差异. 中国科学 (D 辑), 31 (11): 959-968.

张学文, 马淑红, 马力. 1991. 从熵原理得出的雨量时程方程. 大气科学, 15 (6): 17-25.

Allen R G, Pereira L S, Raes D, et al. 1998. Crop evapotranspiration: Guidelines for computing crop water requirements. Rome: Irr. Drain. UN-FAO.

Anderson M C, Norman J M, Diak G R, et al. 1997.A two-source time-integrated model for estimating surface fluxes using thermal infrared remote sensing. Remote Sensing of Environment, 60 (2): 195-216.

Bader M J, Forbes G S, Grant J R, et al. 1995. Images in Weather Forecasting: A Practical Guide for Interpreting Satellite and Radar Imagery. New York: Cambridge University Press.

Basist A, Gerald D B, Meentemeyer V. 1994. Statistical relationship between topography and precipitation patterns. Journal of Climate, 7 (9): 1305-1315.

Bastiaanssen W G M, Menenti M, Feddes R A, et al. 1998. A remote sensing surface energy balance algorithm for land (SEBAL) .Part 1: Formulation. Journal of Hydrology, 212: 198-212.

Bolstad P V, Swift L, Collins F, et al. 1998. Measured and predicted air temperatures at basin to regional scales in the southern Appalachian mountains. Agricultural and Forest Meteorology, 91 (3-4): 161-176

Christel P, Duncan W R. 1998. Relationships between extreme daily precipitation and topography in a mountainous region: a case study in Scotland. International Journal of Climatology, 18 (13): 1439-1453.

Claps P, Laguardia G. 2004. Assessing spatial variability of soil water content through thermal inertia and NDVI. Proc.

SPIE 5232, Remote Sensing for Agriculture, Ecosystems, and Hydrology (February 24, 2004). doi: 10.1117/12.510984.

Fan J C, Liu C H, Wu M F. 2003. Determination of critical thresholds for debris-flow occurrence in central Taiwan and their revision after the 1999 Chi-Chi great earthquake. In: Rickenmann D, Chen C L (eds). Debris flow hazard mitigation: Mechanics, prediction, and assessment. Rotterdam: Mill Press: 103-114.

Fedora M A, Beschta R L. 1989. Storm runoff simulation using an antecedent precipitation index (API) model. Journal of Hydrology, 112 (1-2): 121-133.

Goodin W R, Mcrae G J, Seinfeld J H. 1979. A Comparison of interpolation methods for sparse data: application to wind and concentration fields. Journal of Applied Meteorology, 18: 761-771.

Goovaerts P. 2000. Geostatistical approaches for incorporating elevation into the spatial interpolation of rainfall. Journal of Hydrology, 228 (1-2): 113-129.

Idso S B, Jackson R D, Pinter J P J, et al. 1981. Normalizing the stressdegree-day parameter for environmental variability. Agricultural Meteorology, 24: 45-55.

Jackson R D, Idso S B, Reginato R J, et al. 1981. Canopy temperature as a crop water stress indicator. Water Resources Research, 17 (4): 1133-1138.

Jarvis C H, Stuart N. 2001. A comparison among strategies for interpolating maximum and minimum daily air temperatures. Part II: the interaction between number of guiding variables and the type of interpolation method. Journal of Applied Meteorology, 40 (6): 1075-1084.

Kidd C. 2001. Satellite rainfall climatology: a review. International Journal of Climatology, 21 (9): 1041-1066.

Li Y, Hu K H, Cui P. 2002. Morphology of basin of debris flow. Journal of Mountain Science, 20 (1): 1-11.

Mallick K, Bhattacharya B K, Chaurasia S, et al. 2007. Evapotranspiration using MODIS data and limited ground observations over selected agroecosystems in India. International Journal of Remote Sensing, 28 (10): 2091-2110.

Naoum S, Tsanis I K. 2004. A multiple linear regression GIS module using spatial variables to model orographic rainfall. Journal of Hydroinformatics, 6 (1): 39-56.

Nemani R, Pierce L, Running S, et al. 1993. Developing satellite-derived estimates of surface moisture status. Journal of Applied Meteorology, 32 (2): 548-557.

Patel N R, Anapashsha R, Kumar S, et al. 2009. Assessing potential of MODIS derived temperature/vegetation condition index (TVDI) to infer soil moisture status. International Journal of Remote Sensing, 30 (1): 23-39.

Ran Q, Zhang Z, Zhou Q, et al. 2005. Soil moisture derivation in China using AVHRR data and analysis of its affecting factors. Geoscience and Remote Sensing Symposium, 2005. IGARSS '05. Proceedings. 2005 IEEE International, Volume 6: 4497-4500. DOI: 10.1109/IGARSS.2005.1525920.

Su Z. 2002. The Surface Energy Balance System (SEBS) for estimation of turbulent heat fluxes. Hydrology and Earth System Sciences, 6 (1): 85-99.

Temimi M, Leconte R, Brissette F, et al. 2007. Flood and soil wetness monitoring over the Mackenzie River Basin using AMSR-E 37GHz brightness temperature. Journal of Hydrology, 333 (2-4): 317-328.

第五章　泥石流成因预报模型和方法

第一节　泥石流成因预报模型的确定

泥石流成因预报就是对影响泥石流形成的各关键因素状态进行评估，从而确定在此状态下发生泥石流的可能性大小。这种评估性预报很难提供预报区域的确定性泥石流预报，即给出预报区域在一定降水作用下是否发生泥石流。即使能提供确定性的预报，但其准确率也较低，较低准确率的预报对指导减灾意义有限。所以，泥石流成因预报应为概率预报，即根据不同降水与下垫面的相互作用评估预报区域泥石流发生的概率大小。然而，这种概率的评估亦无法提供精确的概率值，将这种概率分成若干等级，构成若干概率区间，是这种预报方法所能做到的。这种概率等级也更容易被人们接受，在指导减灾中也更具有实用性。

最终预报结果概率等级用 P_L 表示，E 为能量条件，M 为物质条件，R 为激发条件，则泥石流成因预报的概念模型可以用式（5-1）表示。

$$P_L = f(E, M, R) \tag{5-1}$$

该模型的特点在于，将泥石流形成的三大成因紧密地结合在一起，能量条件（E）和物质条件（M）代表了下垫面条件，激发条件（R）可以代表降水情况（因为我国绝大部分泥石流是由降水激发的），这样便构成了基于雨-地耦合的泥石流预报概念模型。在这个模型中将以往固定临界降水量概念离散于整个区域中，随着空间位置的变化、下垫面不同、降水持续时间和最大降水强度不同而变化，更能真实评价研究区域内某处可能的降水过程作用下泥石流发生的可能性大小。

通过对多种数学模型和方法的考察，最终本书选择了可拓模型作为区域泥石流预报应用模型，建立泥石流可拓预报模型。选择可拓模型主要有以下几点考虑。

（1）可拓模型中不涉及复杂的积分、微分等数学运算，在目前 GIS 数学运算能力有限的条件下，为模型计算过程集成到 GIS 系统中提供了便利，具有实用性。

（2）泥石流的孕育环境可以认为是一个质和量的统一体，其中各因素量变和质变是紧密联系而又互相制约的，量变达到一定的限度就会发生质的变化，最终导致泥石流暴发的质变过程。对于这类问题一般的数学模型仅仅从量的方面考虑问题，而可拓模型则将事物的性质、特征和特征的度量值综合到一起，将质变和量变完美地结合到模型中去，通过质变与量变的联系讨论问题，将泥石流发生和不发生的矛盾问题结合到模型中，非常适合用来处理泥石流预报的问题。

（3）模型具有模糊性质，一方面泥石流预报使用的各种环境背景因子很难精确地定量，多少总存在一些误差和不确定性；另一方面泥石流概率预报结果本身也具有模糊性，而可拓模型的模糊性能够很好地兼容这些问题。

（4）模型本身是从事物所具有的特征入手分析问题，这与从决定泥石流发生的各因素入手分析泥石流发生问题有异曲同工之妙。因此，可以将导致泥石流发生的几个方面的因素直接作为可拓模型中的一个"特征"对待，减少中间环节。

第二节　可拓预报模型的基本原理

一、基本概念

本书建立的模型是基于可拓学理论建立起来的，所以称为泥石流可拓预报模型。可拓学（Extenics）是中国学者蔡文教授于 20 世纪 80 年代创立并领导发展起来的一门用于解决矛盾问题的新学科，它用形式语言描述物、事和彼此之间的关系，把哲学上用自然语言表示的有关规律，转化为用符号语言描述，并形成化解矛盾的形式化方法，为实现计算机操作建立了基础理论和方法体系。物元是可拓学认识世界的基本逻辑细胞，它将现实事物抽象为事物、特征及事物关于该特征的量值所组成的一个三元组，记作 R=（事物，特征，量值）=$[N, c, c(N)]$。这是一个将事物的质与量有机结合起来的研究模型，可以贴切描述客观事物从量变到质变的变化过程。

二、物元分析的原理和方法

客观世界中的事物都包含质和量两方面属性，是质和量的统一体，其中质变和量变是紧密联系在一起并相互制约的。经典数学从客体中抽象出它的量与形，研究数量关系与空间形式。由于它撇开了事物质的方面，因此，对于涉及质的变换的矛盾问题，就暴露出其局限性。可拓学引进了物元的概念，用以描述既考虑量变又考虑质变的思维过程。它把客观世界看成一个物元世界，把处理客观世界中的矛盾问题变成处理物元之间的矛盾问题，认为事物的质是由事物多方面的特征决定的，而每一特征可用相应的量值来表征，事物的名称、特征和量值是描述客观世界事物的基本要素，称物元三要素（蔡文，1987，1994；李士勇，1996；Cai，1999）。

物元的定义如下：

给定事物名称 N，它关于特征 c 的量值为 v，以有序三元组

$$R=(\text{事物,特征,量值})=(N,\ c,\ v) \tag{5-2}$$

作为描述事物的基本单元,简称为物元,其中的事物名称、特征和度量值称为物元的三要素。根据物元的定义,v 由 N 和 c 确定,记为 $v=c(N)$,因此式(5-2)又可以表示为

$$R=[N,\ c,\ c(N)] \tag{5-3}$$

一个事物有多个特征,如果事物 N 以 n 个特征 c_1,c_2,$\cdots$,c_n 和其对应的量值 v_1,v_2,$\cdots$,v_n 描述,则可表示为

$$R = \begin{bmatrix} N & c_1 & v_1 \\ N & c_2 & v_2 \\ \vdots & \vdots & \vdots \\ N & c_n & v_n \end{bmatrix} = \begin{bmatrix} R_1 \\ R_2 \\ \vdots \\ R_n \end{bmatrix} \tag{5-4}$$

三、物元分析方法解决综合评判问题的一般步骤

物元分析的方法比较复杂,一般可以分为如下 6 个步骤进行。

1. 确定经典域

$$R_{oj}=(N_{oj},C_i,X_{oji})=\begin{bmatrix} N_{oj} & , & c_1 & , & x_{oj1} \\ N_{oj} & , & c_2 & , & x_{oj2} \\ \vdots & \vdots & \vdots & \vdots & \vdots \\ N_{oj} & , & c_i & , & x_{oji} \\ \vdots & \vdots & \vdots & \vdots & \vdots \\ N_{oj} & , & c_n & , & x_{ojn} \end{bmatrix} = \begin{bmatrix} N_{oj} & , & c_1 & , & \langle a_{oj1},b_{oj1} \rangle \\ N_{oj} & , & c_2 & , & \langle a_{oj2},b_{oj2} \rangle \\ \vdots & \vdots & \vdots & \vdots & \vdots \\ N_{oj} & , & c_i & , & \langle a_{oji},b_{oji} \rangle \\ \vdots & \vdots & \vdots & \vdots & \vdots \\ N_{oj} & , & c_n & , & \langle a_{ojn},b_{ojn} \rangle \end{bmatrix} \tag{5-5}$$

式中,N_{oj} 为所划分的第 j 个评定等级;c_i 为评定等级 N_{oj} 的第 i 个特征;x_{oji} 为 N_{oj} 关于第 i 个特征 c_i 所规定的量值范围,即各评定等级关于对应特征的取值范围,称为经典域。

2. 确定节域

$$R_p=(p,C,X_p)=\begin{bmatrix} p & , & c_1 & , & x_{p1} \\ p & , & c_2 & , & x_{p2} \\ \vdots & \vdots & \vdots & \vdots & \vdots \\ p & , & c_i & , & x_{pi} \\ \vdots & \vdots & \vdots & \vdots & \vdots \\ p & , & c_n & , & x_{pn} \end{bmatrix} = \begin{bmatrix} p & , & c_1 & , & \langle a_{p1},b_{p1} \rangle \\ p & , & c_2 & , & \langle a_{p2},b_{p2} \rangle \\ \vdots & \vdots & \vdots & \vdots & \vdots \\ p & , & c_i & , & \langle a_{pi},b_{pi} \rangle \\ \vdots & \vdots & \vdots & \vdots & \vdots \\ p & , & c_n & , & \langle a_{pn},b_{pn} \rangle \end{bmatrix} \tag{5-6}$$

式中，p 为质量等级的全体；x_{pi} 为 p 关于 c_i 的取值范围。所有等级的典型域都包含于节域的范围中。

3. 确定待评价物元

对待评价的对象，把其检测或者分析所得数量值结果用物元表示，称为对象的待评价物元。

$$R_o = \begin{bmatrix} p_o & , & c_1 & , & x_1 \\ p_o & , & c_2 & , & x_2 \\ \vdots & \vdots & \vdots & \vdots & \vdots \\ p_o & , & c_i & , & x_i \\ \vdots & \vdots & \vdots & \vdots & \vdots \\ p_o & , & c_n & , & x_n \end{bmatrix} \tag{5-7}$$

式中，P_o 为待评对象；x_i 为 P_o 关于 c_i 的量值，即待评价产品检测或分析所得的具体数值。

4. 计算关联度函数

关联度函数表示物元的量值取为实数轴上的一点时，物元符合要求的取值范围的程度，对待评价对象各个特征计算对各等级的关联函数：

$$K_j(x_i) = \begin{cases} -\dfrac{\rho(x_i, x_{0i})}{|x_{0i}|} & x_i \in x_{0i} \\[3mm] \dfrac{\rho(x_i, x_{0i})}{\rho(x_i, x_{pi}) - \rho(x_i, x_{0i})} & x_i \notin x_{0i} \end{cases} \tag{5-8}$$

式中，$\rho(x_i, x_{0i}) = \left| x_i - \dfrac{a_{0i} + b_{0i}}{2} \right| - \dfrac{b_{0i} - a_{0i}}{2}$

$\rho(x, x_p) = \left| x_i - \dfrac{a_{pi} + b_{pi}}{2} \right| - \dfrac{b_{pi} - a_{pi}}{2}$

其中，区间 $x_0 = [a, b]$，$x_p = [A, B]$，且 $x_0 \subset x_p$，$|x_0| = |b-a|$

5. 确定权重系数，计算隶属程度

确定各个特征的权重系数 λ_1，λ_2，$\cdots$，λ_n，计算

$$K_j(x) = \sum_{i=1}^{n} \lambda_i K_i(x_i) \tag{5-9}$$

式中，$K_j(x)$ 为待评价的对象关于等级 j 的关联度。

6. 确定最终评价等级

最终待评价的对象所属等级：

$$K_{j0} = \max[K_j(x)] \tag{5-10}$$

第三节　泥石流可拓预报模型

一、区域泥石流预报单元

利用可拓物元理论建立泥石流可拓预报模型的另一个重要问题是要确定合理的预报单元。在 GIS 中，空间分析的主要数据形式是栅格数据，区域泥石流可拓预报模型建立之后就要充分考虑到在 GIS 环境下的运算实现的问题。基于此，考虑直接在 GIS 空间分析中采用栅格数据的栅格单元作为物元模型的基本物元，其优点是免去了模型建立之后进入 GIS 中计算时的转化过程，减少转换过程中的数据损失。但是栅格单元的大小是个很重要的问题，根据研究区域的大小，如果栅格单元过大则预报结果就会过于粗略，仅适合做理论性的探讨（阮沈勇和黄润秋，2001；温守钦等，2005），预报结果的实用性则会大打折扣；如果栅格单元过小则可能会"只见树木，不见森林"，失去区域性，失去对泥石流形成环境的代表性。另外，从目前积累的泥石流数据库记录来看，泥石流沟仅仅是用泥石流沟口处的坐标来代表的，是点数据，而不是泥石流沟面数据。这种情况下，如果单元过小则会造成分析时变成对泥石流沟口处的地质、地形、植被等要素的分析，而非泥石流形成流域内的地表环境。如果采用的单元大小比较合适的话，就可以将包括泥石流沟口和流域在内的区域全部包含在单元内，从而能够比较准确地对泥石流的孕育环境进行分析，得出较为准确的泥石流预报结果。

根据对我国已知泥石流沟分析表明，有 70%～80%的泥石流沟的流域面积在 $10km^2$ 以下（图 5-1），因此，单元格的大小确定在 $10km^2$ 左右。在统计意义下，就可以将包括泥石流沟在内的整个泥石流流域包含于单元中。这里采用了 GIS 栅格数据中最常用的正方形单元格形式，$10km^2$ 面积的正方形对应的边长大约为 3.3km，为了便于计算，取整之后，最终确定预报模型使用的单元格大小为 3km×3km。

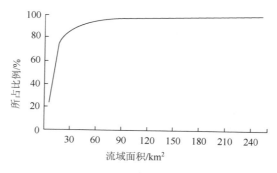

图 5-1　泥石流沟流域面积统计图

二、泥石流成因及其关键因素

根据第三章第二节分析，泥石流成因主要包括能量条件、物质条件和激发条件，这里不再赘述。但是，各成因条件又包括多个因素，这些因素较为复杂，并且有些因素相互间存在相关关系，而在泥石流预报实践中却要求化繁为简，并要求各因素间要相互独立，因此，在建立泥石流预报模型前需要确定决定泥石流三大成因的关键因素。

1. 能量条件的关键因素

能量条件包括相对高差和坡度两个因素，前者决定了势能的大小，后者决定了能量转化梯度，均是泥石流形成的关键因素。然而，区域泥石流预报单元为面积等大（3km×3km）的单元格，各单元格的相对高差与坡度存在着较强的相关性。图 5-2 显示了四川省凉山州 6700 多个单元格的相对高差与平均坡度，二者存在较明显的相关性，总体上平均坡度随着相对高差的增大而增大。因此，二者仅选其一便可以反映各单元格的能量条件。并且根据可拓模型对各要素间需相互独立的要求，二者也只能选择其一。为了数据的获取方便，这里选择相对高差作为能量条件的关键因素。

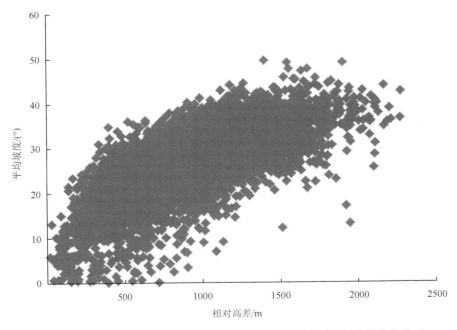

图 5-2　四川省凉山州各单元格（3km×3km）相对高差与平均坡度的关系

2. 物质条件的关键因素

根据第三章中的分析，影响泥石流形成的物质条件较为复杂，包括地质、地震、植被、土壤和人类活动等诸多条件。地质条件又主要包括地质构造和地层等因素，其中地质构造包括在内外动力地质作用下岩层和岩体发生的变形变位，如褶皱、节理、断层、劈理以及其他各种面状和线状构造。在这些变形和变位中断层是构造运动中广泛发育的构造形态，破坏了岩层的连续性和完整性，造成断层带上的岩石破碎，易被风化侵蚀，并且沿断层常常发育沟谷，对泥石流的发育影响巨大。因此，断层是物质条件中的关键因素之一。地层是地质历史上某一地质年代因沉积作用或岩浆活动形成的岩石，包含岩石的岩性和形成的地质年代。岩性的不同决定了岩石的坚硬程度和抗风化能力，对泥石流形成的物质条件影响大，是物质条件中的另一关键因素。岩石形成的地质年代对泥石流形成的物质条件也有影响，但其影响具有不确定性，所以不宜作为关键因素。

地震活动对松散固体物质的形成也具有重要作用，但地震发生与地质构造有着密切的关系，特别是与断层活动的关系更加密切，因此，根据模型中各要素间需相互独立的要求，在选择断层为物质条件的关键因素的同时，地震不宜再选择为关键因素。

植被、土壤、人类活动等因素对泥石流形成的物质条件也具有一定的影响，但均是对岩石的外部影响，虽然单个因素的影响不大，但综合起来的影响却不容忽视。为了尽量减少关键因素的数量，可以选择土地利用因素作为关键因子，既可以反映地表的植被和土壤条件，又可以反映人类对不同土地的利用方式，间接地反映人类活动对地表结构的破坏情况，并且可以比较容易地根据土地利用图对此作出较准确的评估。

3. 激发条件的关键因素

因为我国绝大部分泥石流是由降水引发的，因此，激发条件的关键因素为降水条件。在降水条件中降水量和降水强度对泥石流的形成均起关键作用，二者均为激发条件的关键因素。

能量条件和物质条件的关键因素均属于下垫面因素，在关键因素确定时虽已尽量避免其间具有较强的相关性，但仍需对其相关性进行检验，确保用于泥石流预报的关键因素间的相互独立性。为了验证关键因素间的相互独立性，选择西南地区（云南、贵州、四川和重庆）的相关数据进行分析。分析结果（表5-1）显示，下垫面的四个关键因素间不存在明显的相关关系，符合可拓模型的要求。

表 5-1　下垫面关键因素间的相关系数

关键因素	地层岩性	相对高差	土地利用	断层
地层岩性	1.0	−0.286	0.312	0.053
相对高差	−0.286	1.0	−0.503	0.010
土地利用	0.312	−0.503	1.0	0.026
断层	0.053	0.010	0.026	1.0

三、泥石流预报等级

　　泥石流的预报具有很大的不确定性，韦方强等（2002）就曾经讨论过泥石流预报的不准确性，并提出了基于不同损失条件的泥石流预报模型以解决这种不准确性带来的问题。区域泥石流预报在这方面的问题更是突出，设想在区域每一个点上都有精确的、定量的预报结果是不明智的。为尽量减少预报的不准确性带来的负面影响，本书对泥石流的预报结果进行了分级处理，这也符合目前各种其他灾害预报发布的一般形式。对于泥石流预报结果的划分采用概率等级的划分，预报等级及其对应的泥石流发生概率范围见表 5-2。评价单元中的物元对象则分别计算对于这几个等级的隶属度，综合隶属度最大的就作为泥石流预报的最终结果。

表 5-2　泥石流预报等级

泥石流预报等级	一级	二级	三级	四级	五级
概率区间	0～0.2	0.2～0.4	0.4～0.6	0.6～0.8	0.8～1

四、泥石流预报的物元和物元模型

（一）泥石流预报的物元

　　确定了泥石流的预报单元、泥石流形成的关键因素、泥石流预报等级后，就可以确定泥石流预报的物元了。根据物元的定义，每个泥石流预报单元是待评价的对象，每个对象发生泥石流的概率属于事物，泥石流形成的六个关键因素属事物的六个特征，各关键因素的量值属各特征的量值，这样三个要素构成了泥石流预报的物元。

$$R_p = \begin{bmatrix} 泥石流预报等级(P), & 相对高差(H), 高差度量值(h) \\ 泥石流预报等级(P), & 断层(F), 断层值(f) \\ 泥石流预报等级(P), & 地层(S), 地层值(s) \\ 泥石流预报等级(P), & 土地利用(L), 土地利用值(l) \\ 泥石流预报等级(P), & 降水强度(I), 降水强度值(i) \\ 泥石流预报等级(P), & 有效降水量(W), 有效降水量值(w) \end{bmatrix} \quad (5\text{-}11)$$

（二）泥石流预报的物元模型

1. 各关键因素的节域

各关键因素在所有泥石流发生概率等级的取值范围即为各关键因素的节域。

$$R_p = \begin{bmatrix} 泥石流等级(P), & H, <h_{\min}, h_{\max}> \\ 泥石流等级(P), & F, <f_{\min}, f_{\max}> \\ 泥石流等级(P), & S, <s_{\min}, s_{\max}> \\ 泥石流等级(P), & L, <l_{\min}, l_{\max}> \\ 泥石流等级(P), & I, <i_{\min}, i_{\max}> \\ 泥石流等级(P), & W, <w_{\min}, w_{\max}> \end{bmatrix} \quad (5\text{-}12)$$

2. 各关键因素的经典域

各关键因素对应泥石流发生的不同概率等级的取值范围即为各关键因素的经典域。

$$R_{P_j} = \begin{bmatrix} 泥石流发生概率等级(P_j), & H, <h_{j,1}, h_{j,2}> \\ 泥石流发生概率等级(P_j), & F, <f_{j,1}, f_{j,2}> \\ 泥石流发生概率等级(P_j), & S, <s_{j,1}, s_{j,2}> \\ 泥石流发生概率等级(P_j), & L, <l_{j,1}, l_{j,2}> \\ 泥石流发生概率等级(P_j), & I, <i_{j,1}, i_{j,2}> \\ 泥石流发生概率等级(P_j), & W, <w_{j,1}, w_{j,2}> \end{bmatrix} \quad (5\text{-}13)$$

3. 泥石流预报的标准物元模型

确定了泥石流预报的各关键因素的节域和经典域后，便可以确定泥石流预报的标准物元模型（表 5-3）。根据标准物元模型，就可以利用式（5-8）和式（5-9）各预报单元在某状态下各关键因素与泥石流发生概率等级间的关联度，从而确定在该状态下泥石流发生的概率等级，实现泥石流预报。

在实际的泥石流预报中，标准物元模型中的节域和经典域需要根据预报区域的自然地理条件及泥石流分布和活动特征确定，不同区域的标准物元模型会有所不同，甚至差异较大。

表 5-3　西南地区区域泥石流预报标准物元

泥石流发生概率等级	标准物元
一级 （0～0.2）	$R_{P_1} = \begin{bmatrix} P_1, & H, < h_{min}, h_{1,2} > \\ P_1, & F, < f_{min}, f_{1,2} > \\ P_1, & S, < s_{min}, s_{1,2} > \\ P_1, & L, < l_{min}, l_{1,2} > \\ P_1, & I, < i_{min}, i_{1,2} > \\ P_1, & W, < w_{min}, w_{1,2} > \end{bmatrix}$
二级 （0.2～0.4）	$R_{P_2} = \begin{bmatrix} P_2, & H, < h_{2,1}, h_{2,2} > \\ P_2, & F, < f_{2,1}, f_{2,2} > \\ P_2, & S, < s_{2,1}, s_{2,2} > \\ P_2, & L, < l_{2,1}, l_{2,2} > \\ P_2, & I, < i_{2,1}, i_{2,2} > \\ P_2, & W, < w_{2,1}, w_{2,2} > \end{bmatrix}$
三级 （0.4～0.6）	$R_{P_3} = \begin{bmatrix} P_3, & H, < h_{3,1}, h_{3,2} > \\ P_3, & F, < f_{3,1}, f_{3,2} > \\ P_3, & S, < s_{3,1}, s_{3,2} > \\ P_3, & L, < l_{3,1}, l_{3,2} > \\ P_3, & I, < i_{3,1}, i_{3,2} > \\ P_3, & W, < w_{3,1}, w_{3,2} > \end{bmatrix}$
四级 （0.6～0.8）	$R_{P_4} = \begin{bmatrix} P_4, & H, < h_{4,1}, h_{4,2} > \\ P_4, & F, < f_{4,1}, f_{4,2} > \\ P_4, & S, < s_{4,1}, s_{4,2} > \\ P_4, & L, < l_{4,1}, l_{4,2} > \\ P_4, & I, < i_{4,1}, i_{4,2} > \\ P_4, & W, < w_{4,1}, w_{4,2} > \end{bmatrix}$
五级 （0.8～1）	$R_{P_5} = \begin{bmatrix} P_5, & H, < h_{5,1}, h_{max} > \\ P_5, & F, < f_{5,1}, f_{max} > \\ P_5, & S, < s_{5,1}, s_{max} > \\ P_5, & L, < l_{5,1}, l_{max} > \\ P_5, & I, < i_{5,1}, i_{max} > \\ P_5, & W, < w_{5,1}, w_{max} > \end{bmatrix}$
各因素节域	$R_P = \begin{bmatrix} 泥石流等级(P), & H, < h_{min}, h_{max} > \\ 泥石流等级(P), & F, < f_{min}, f_{max} > \\ 泥石流等级(P), & S, < s_{min}, s_{max} > \\ 泥石流等级(P), & L, < l_{min}, l_{max} > \\ 泥石流等级(P), & I, < i_{min}, i_{max} > \\ 泥石流等级(P), & W, < w_{min}, w_{max} > \end{bmatrix}$

第四节　泥石流可拓预报模型的实现与系统开发

一、泥石流可拓预报模型的实现方法

（一）数据准备

1. 下垫面数据的准备

下垫面数据包括各预报单元格的相对高差、断层、地层岩性和土地利用四个关键因素的数据。在第四章中已对这些数据的获取作了介绍，这里需要利用这些数据获取方法按照以下要求进行数据准备。

（1）对获取的数据进行统一的栅格化处理，使泥石流预报区域的所有关键因素的数据使用统一的地理坐标，栅格单元大小均为 3km×3km，为泥石流预报中复杂的空间分析操作准备统一格式的数据。

（2）将泥石流预报区域的泥石流流域按照下垫面数据的处理方法进行栅格化，统计分析各关键因素在泥石流流域的分布规律，分析确定泥石流预报物元的经典域和节域，为泥石流预报准备标准物元。

2. 降水数据的准备

降水数据的准备较为复杂，包括观测降水和预报降水，关键因素为有效降水量和预报降水强度。这两个关键因素是泥石流预报中的动态量，每次泥石流预报均需对其准备，是决定泥石流预报结果准确性的核心数据。降水数据的获取方法在第四章已作了详细介绍，这里仅根据泥石流预报业务的需要对其数据准备提出要求。

根据天气预报数据获取的技术手段和准确性，目前可以提供泥石流预报的有效降水预报产品有两种，一种是数值天气预报的降水预报产品，另一种是多普勒天气雷达外推的降水预报产品。现分别对以这两种降水预报产品为基础的降水数据准备进行要求。

1）以数值天气预报为基础的降水数据准备

本书最终目的是要建立有效的区域泥石流预报业务系统，并使之与日常气象业务系统相衔接。根据上述目标，结合目前气象业务中降水数据的类型、时效和气象业务需要，泥石流预报时间定位24h。但为了满足将来可能的业务扩展需要，本书采用两种方法提供未来24h泥石流预报。一种是两段式预报，将24h划分为两个12h预报。此种方法既可以满足目前预报业务的需要，还可以为将来每天提供两次泥石流灾害预报服务奠定基础。另一种方法是一段式预报，直接提供未来

24h 泥石流灾害预报。

A. 两段式预报

两段式预报将 24h 划分为两个 12h 预报，前 12h 时间从预报当天 20：00 至第二天 8：00，后 12h 从第二天 8：00 至第二天 20：00 根据"有实况数据尽量不用预报数据"的原则，这两个时段预报在降水数据使用方面略有差别。

图 5-3 表示前 12h（即从起报点起未来 0~12h）泥石流预报时段和降水的划分。泥石流预报前期降水按 08：00~08：00 时间段划分使用，而对于包含预报时段 08：00~08：00 的降水（图 5-3 中 A 部分）构成比较复杂，如果不考虑这一时段的实况降水，则可以全部使用数值预报的 24h 预报水量。但是考虑到数值预报的准确性问题，如果有观测的降水数据则尽量使用实况观测数据。从目前国家气象中心的实际情况来看，基本上每隔 6h 就能够收到各地上报的 6h 降水情况，而预报制作的时间大概在预报当天 15：00~17：00，因此其中的 08：00~14：00 的数值预报降水就可以用这一时段的 6h 降水观测数据来代替。

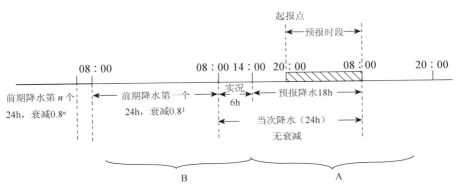

图 5-3　前 12h 预报降水信息划分与使用

图 5-4 表示后 12h（即从起报点起未来 12~24h）的泥石流预报时段和降水的划分。同样是基于尽量使用观测降水数据的考虑，该段泥石流预报前期降水按 20：00~20：00 的时间段划分使用，而对于包含预报时段的 20：00~20：00 的降水（图 5-4 中 A 部分）这个时段没有实况降水，因此全部使用数值预报的 24h 降水。向前推 24h 的降水（即图 5-4 中 B 部分）构成则比较复杂，同样是因为该时段既有实况观测数据又有数值预报数据，其中的 20：00 至第二天 14：00 使用实况观测降水数据，而 14：00~20：00 则用数值预报数据。

B. 一段式预报

一段式预报提供每日 20：00 至次日 20：00 的泥石流灾害预报，降水信息的划分与使用相对简单。如图 5-5 所示，降水数据主要分为两段，一段是当日 20：00 至次日 20：00 的降水数据，另一段是当日 20：00 以前已经发生的实况降水。第一段降水由数值天气预报提供，另一段 14：00 以前发生的降水由各观测站点的观测数据提供，14：00～20：00 的降水数据则由预报降水数据代替。

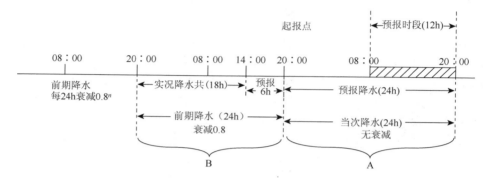

图 5-4　后 12h 预报降水信息划分与使用

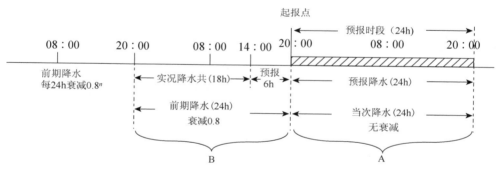

图 5-5　24h 预报降水信息划分与使用

2）以多普勒天气雷达为基础的降水数据准备

虽然多普勒天气雷达每 6min 完成一次扫描，并提供相关产品，但是由于泥石流预报需要完成复杂的前期降水处理和泥石流预报分析，不可能提供如此高密度的泥石流预报服务。根据泥石流减灾的需要和相关数据处理的周期，选择未来 3h 的泥石流预报，并采取整点滚动预报方式。但由于目前雷达外推降水技术尚不成熟，1h 外推产品准确率较高，3h 外推产品尚可，3h 以外的产品已无使用价值，因此，为了能尽量使用较为准确的雷达外推产品，选择每隔 1h 进行滚动预报。在实际应用当中，如果多普勒天气雷达未监测到强降水天气过程泥石流预报系统可以不启动，一旦多普勒天气雷达监测到有强降水天气过程，泥石流预报系统提取前 1h 的雷达监测产品，并从整点开始预报未来 3h 的泥石流发生概率。图 5-6 显示了从 5：00 开始每隔 1h 进行泥石流滚动预报的时间序列和相关降水因子。未来 3h 可能发生的降水量和最大雨强由多普勒天气雷达提供的产品计算获得，每隔 1h 计算后 3h 的降水量和降水强度。前期降水量由地面降水监测和多普勒天气雷达反演降水获得，其中发报前 2h 以前的降水量由地面监测站提供，发报前 2h 的降水由多普勒天气反演获得。每次滚动预报的未来 3h 雨量和发报前 21h 的监测和反演雨量构成当次 24h 降水量，不做任何衰减处理，发报前 21h 以前发生的降水量均作为前期降水量，每隔 24h 作为一个统计时段，统计获得的降水量按照第四章中的前期降水处理方法进行衰减计算，为泥石流预报提供前期降水量数据。

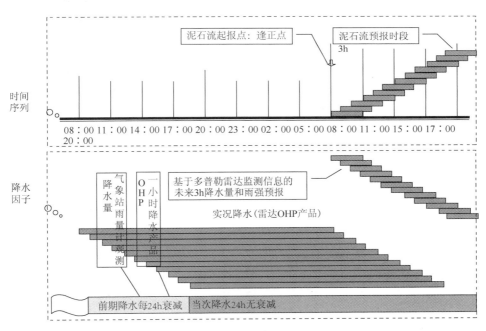

图 5-6　以多普勒天气雷达预报降水为基础的降水信息划分与使用

（二）泥石流预报可拓模型的实施

准备好泥石流预报的各种数据后，就可以利用 GIS 技术实施泥石流预报可拓模型，对泥石流预报区域内的各个单元格进行逐个运算，最终得到整个区域的预报结果。在 GIS 环境下，模型中的六个要素以六个栅格图层的形式参与计算。以一个单元格为例，单元格中总共有六个要素，每一要素在单元格中都有一个唯一确定的数值，按前本章第二节确定的关联度函数和隶属度计算方法计算各要素对五个预报概率等级的关联度。

（1）如果要素数值在典型域范围内，则用公式 $K(x) = -\dfrac{\rho(x_i, x_{0i})}{|x_{0i}|}$ 计算各要素对各等级的关联度；

（2）如果要素数值范围不在典型域范围内，则用公式 $K(x) = \dfrac{\rho(x_i, x_{0i})}{\rho(x_i, x_{pi}) - \rho(x_i, x_{0i})}$ 计算各要素对各等级的关联度；计算结果如图 5-7 所示。

$K_1(A)$	$K_2(A)$	$K_3(A)$	$K_4(A)$	$K_5(A)$
$K_1(B)$	$K_2(B)$	$K_3(B)$	$K_4(B)$	$K_5(B)$
$K_1(C)$	$K_2(C)$	$K_3(C)$	$K_4(C)$	$K_5(C)$
$K_1(D)$	$K_2(D)$	$K_3(D)$	$K_4(D)$	$K_5(D)$
$K_1(E)$	$K_2(E)$	$K_3(E)$	$K_4(E)$	$K_5(E)$
$K_1(F)$	$K_2(F)$	$K_3(F)$	$K_4(F)$	$K_5(F)$

图 5-7　每个单元格计算后产生的关联度值

图 5-7 中 A、B、C、D、E、F 分别代表六个泥石流发生影响要素，1、2、3、4、5 分别代表泥石流的五个预报等级。例如，$K_1(A)$ 表示要素 A 对于泥石流预报"一级"的关联度，同理 $K_5(F)$ 则表示要素 F 对泥石流预报"五级"的关联度。

最终该单元所属的预报等级 LEVEL 为

$$
\begin{aligned}
\text{LEVEL} = \max\{ & [K_1(A)\cdot\lambda_1 + K_1(B)\cdot\lambda_2 + K_1(C)\cdot\lambda_3 + K_1(D)\cdot\lambda_4 + K_1(E)\cdot\lambda_5 + K_1(F)\cdot\lambda_6], \\
& [K_2(A)\cdot\lambda_1 + K_2(B)\cdot\lambda_2 + K_2(C)\cdot\lambda_3 + K_2(D)\cdot\lambda_4 + K_2(E)\cdot\lambda_5 + K_2(F)\cdot\lambda_6], \\
& [K_3(A)\cdot\lambda_1 + K_3(B)\cdot\lambda_2 + K_3(C)\cdot\lambda_3 + K_3(D)\cdot\lambda_4 + K_3(E)\cdot\lambda_5 + K_3(F)\cdot\lambda_6], \\
& [K_4(A)\cdot\lambda_1 + K_4(B)\cdot\lambda_2 + K_4(C)\cdot\lambda_3 + K_4(D)\cdot\lambda_4 + K_4(E)\cdot\lambda_5 + K_4(F)\cdot\lambda_6], \\
& [K_5(A)\cdot\lambda_1 + K_5(B)\cdot\lambda_2 + K_5(C)\cdot\lambda_3 + K_5(D)\cdot\lambda_4 + K_5(E)\cdot\lambda_5 + K_5(F)\cdot\lambda_6]\}
\end{aligned}
$$

（5-14）

式中，$K_1(A)$ 为要素 A 对于泥石流预报"一级"的关联度；$K_5(F)$ 为要素 F 对泥石流预报"五级"的关联度；$\lambda_1 \sim \lambda_6$ 分别为各要素的权重。

将上述算法和规则编制成程序，并利用 GIS 的空间分析功能，来完成全部单元格的计算，模型在 GIS 中的实现流程如图 5-8 所示。

该流程关键问题之一是计算各要素的关联度，这种图层关联度计算在 GIS 软件中依靠人工操作无法完成，必须通过编制相应的程序来实现。

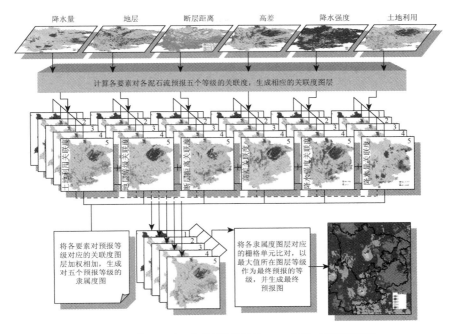

图 5-8　区域泥石流可拓预报模型的 GIS 实现（后附彩图）

二、泥石流可拓预报应用系统设计

（一）系统总体设计

1. 系统设计目标与要求

区域泥石流预报以短期预报和短临预报为目的，以泥石流预报理论和地学环境分析为基础，在综合集成思想、决策支持理论、地球信息科学理论等理论指导下，在地理信息系统技术、组件式编程等技术的支持下建立起来的为实现区域泥石流滑坡逐日预报和业务运行的专业地理信息系统。其具体目标是：建立泥石流专题和环境背景数据库，实现区域泥石流灾害信息有效管理和利用；无缝连接气象业务产品中的降水数据作为系统输入数据，实现自动对气象业务产品的转化和利用；应用 AO 组件开发技术，将区域泥石流预报模型与 GIS 集成，建立泥石流预报应用系统，实现对区域泥石流的自动化预报；面向业务应用，化繁为简实现一键式操作，便于业务人员的使用。通过上述目标，探索在数值天气预报技术和多普勒天气雷达探测技术以及 GIS 技术迅速发展的今天，区域泥石流预报如何有效地依托这些先进技术实现泥石流预报理论、技术和方法创新以及预报的业务化。

根据上述系统设计目标，对系统提出了以下设计要求：

1）科学性与精确性

系统的研究要在科学的思想与理论指导下应用先进的技术方法加以实现，在研制过程中还要坚持科学严谨的科研态度。确保数据来源和数据输入的准确性和精度。

2）实用性与易用性

本系统主要为泥石流预报提供决策和发报依据，因此，系统要具有信息丰富的泥石流灾害属性、空间数据和完善的信息处理功能，使之能切实地起到辅助决策与管理功能，整个系统要层次清晰、功能分割条理，用户界面简明易懂，便于预报业务人员管理和操作使用。

3）统一性与开放性

系统中的各种数据实行统一存储、统一空间信息。同时考虑日后信息的不断丰富，新的信息要能够随时添加到系统中，如地面信息的更新、泥石流沟点数据的增加等。

2. 系统功能设计

区域泥石流预报虽然预报区范围、预报时效和降水的监测及预报方法有所不同，但预报应用系统的基本功能却是基本相同的。现对预报系统的功能设计做统一论述。

1）数据管理与分析功能模块

数据管理功能主要包括通用的泥石流空间信息管理与分析、泥石流预报模型数据管理和模型参数管理。

A. 泥石流空间信息的管理

（1）编辑功能。完成包括对数据库中的数据的添加、修改、删除等基本编辑功能。

（2）查询和检索。完成各种查询检索，包括从图中查询某条泥石流沟点的情况、某个降水气象台站情况；按照气象台站或者泥石流沟的编号在图上查出指定位置；查找某气象台站周边指定距离范围内的泥石流沟数量。

（3）空间分析。ArcGIS 具有强大的空间数据分析能力，以此为平台开发的区域泥石流预报辅助决策支持系统完全继承了它强大的空间分析功能，可以进行包括距离分析、密度分析、插值分析、坡度坡向、像元分析、地图代数、三维建模、高级地学统计等在内的各种高级空间分析功能。

（4）统计图表。系统能够提供数据分析显示常用的各种统计图表功能，将大量的表格统计数据用简单明了的统计图表加以阐述，并且与地图整合在一起，常用的如饼图、柱状图等。

（5）数据输出。按照标准地图的格式和内容要求实现对地面要素专题地图、泥石流要素专题地图、降水分布图、预报结果图等图件的整饰与出图。出图结果可以直接输出到打印机，也可以输出为各种格式的图片。

B. 泥石流预报模型数据的管理

系统中预报模型使用的数据可以分为来自系统数据库的数据和来自系统外部的数据两大类，这些数据是系统正常运行的基础，对这些数据的管理是系统的重要功能之一。主要管理功能包括添加或者删除基础地理信息和专题数据信息、设置数据库路径、自定义降水数据路径、清理临时文件夹、清理模型中间运算结果、预报结果备份等。

C. 泥石流预报模型参数修正的管理

作为一个健壮、高效的区域泥石流短期预报系统，系统必须具有应对外界变化的能力，而且随着泥石流研究水平的不断提高，泥石流模型中的各种参数有可能随着研究水平的进步而有不同的认识，根据新的认识对预报模型参数进行优化。因此，在系统中添加了对于参数调整的选项，便于对包括权重在内的各种参数的调整。

2）参数设置功能模块

由于泥石流灾害预报需要复杂的降水观测数据输入，并且需要提供在不同时间启动的不同时效的泥石流预报结果，甚至有时需要对历史事件进行回算验证，本应用系统特别设置了参数设置功能模块，在开始泥石流预报前，设置预报降水方法、工作路径、预报时间和时效等，以便系统可以准确地获取相关数据并按照预定的程序进行工作。

3）降水数据处理功能模块

降水是区域泥石流预报模型输入参数中变化最为剧烈，同时也是构成最为复杂的指标，每天进行预报时都必须更新降水数据（包括前期降水的观测数据、未来降水预报数据），而且这些降水数据全部是气象业务直接产生的产品。这就要求系统具有直接读取和利用气象业务降水产品的能力。降水处理功能模块主要完成降水观测数据和预报数据的读取、坐标和投影转换以及空间数据的分析和处理，将非 GIS 格式的数据转化成 GIS 格式的数据，并对转化后的前期降水量、数值预报降水量（多普勒雷达监测降水量）进行分析处理，为泥石流预报模型提供降水输入。

4）泥石流预报功能模块

泥石流预报模块是整个系统的核心，模型的计算需要完成大量的空间分析过程，并最终生成泥石流预报结果图。主要功能包括数据完整性检查（检查预报模型运行所需的要素值是否齐全）、降水可拓关联度计算（对降水处理模块处理后的降水计算可拓关联度，作为预报模型的输入）、泥石流概率等级预报等。

5）后处理模块

后处理模块主要完成预报结束后的各种功能，包括对预报结果图的渲染、预报结果等值线绘制、预报结果输出、预报结果转化为 MICAPS 气象专业软件文件和其他常用的图形文件格式等，为泥石流减灾部门以及社会公众提供内容清晰、画面美观的专业预报结果图。

3．系统数据处理流程

从数据处理的角度来看，区域泥石流预报系统就是要通过对输入的空间数据的分析与处理，从中发现它们共同作用下未来一段时间内泥石流或者滑坡灾害出现在特定位置的概率信息。因此，明确数据在系统中的处理流程，有助于明确系统结构和功能组成，更好地把握系统。

图 5-9 显示了系统运行时数据的处理流程，其中主要的数据输入有 WRF 数值预报数据、MM5 数值预报数据、多普勒天气雷达回波数据、各气象台站降水实况观测数据、研究区环境背景数据、研究区泥石流滑坡与各单项要素分析数据等。各类数据在区域泥石流和滑坡预报模型中经过模型的分析计算，最终输出区域泥石流或者滑坡发生概率等级的信息，并将滑坡和泥石流预报结果综合分析成降水诱发的地质灾害预报结果，并最终处理成标准的地质灾害预报结果图，为地质灾害减灾服务。

4．系统结构设计

根据上述系统功能模块的切分和系统中数据流的特点，确定区域滑坡和泥石流预报系统的结构（图 5-10）。该系统结构由三级构成，第一级为系统启动界面，第二级包括文件操作模块、数据库管理模块、降水数据处理模块、泥石流预报模块、滑坡预报模块、滑坡和泥石流综合预报模块、参数设置模块、后处理模块和数据维护模块九个模块，第三级是具体的功能执行。

（二）系统数据库建设

1．数据库中基本数据类型

区域泥石流预报应用系统需要强大的基础数据库支持，数据库中的主要内容包括地形、地层、断层、土地利用、水系、交通网、地震等内容。数据库中的这些数据皆为地理信息，地理信息的主要类型有两大类：矢量数据和栅格数据。

1）矢量数据

矢量数据通常用坐标来定义空间实体，它能够用最小的存储空间精确的表达地理事物的几何位置。在矢量数据中，地理事物被分成了三类：点数据、线数据、面数据。

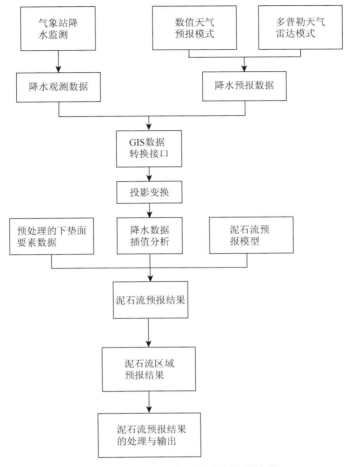

图 5-9　区域泥石流预报系统数据流程

A. 点数据

点数据表达的是没有面积和长度的地理实体，它用一对 x, y 坐标定位地理事物。事物的其他与位置无关的属性信息记录在其属性数据库中。本系统中的点数据主要有各级政府驻地、泥石流灾害点、气象台站等。

B. 线数据

线数据表达的是那些有长度变化而没有或者可以忽略宽度变化的地理实体。线数据由多个坐标点连接而成，表现为一组前后关联的 (x, y)。可以用来表现河流、道路、政区边界等。本系统中的线数据类型主要有河流、政区边界、断层线等。

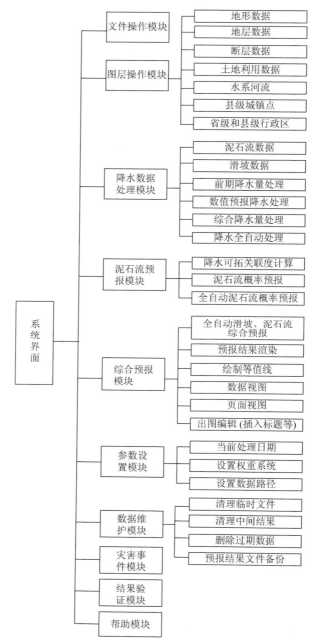

图 5-10　区域泥石流预报辅助决策支持系统结构

C. 面数据

面数据表达现实世界中具有一定空间展布和面积的地理实体，如湖泊、水库、岛屿、地块、地层等。它由封闭曲线所包围的区域来表示，并与相邻的区域有着明确的位置关系。系统中的面数据主要包括：行政区域、土地利用类型、地层分布、水域等。

2）栅格数据

栅格数据通常用来表达空间上连续分布的现象或事物，通过将所表达现象或者事物离散为规则的单元格来描述。栅格数据的栅格单元大小对于事物表达精度有着决定性的影响，栅格单元越大，表现事物或者现象的精度越低，反之则精度高，但同时数据所需的存储空间也会随之迅速提高。

栅格数据另一个重要的特点是每个栅格中的像元的位置被预先确定，所以非常容易进行重叠运算以比较不同图层中所存储的特征，可以方便地进行地图代数的运算，这也是目前 GIS 空间分析的主要方式。系统中的栅格数据主要有研究区 DEM 数据、模型计算过程所需的参数文件图层等。

失量数据和栅格数据均是地理信息有效表达方式，并且各具优缺点。矢量数据可提供有效的拓扑编码，图形输出美观，但叠加操作较困难，难以表达地理信息的空间变化性。栅格数据的结构简单，容易实现图形的叠加操作，能有效表达地理信息空间可变性，但是其数据结构不严密、不紧凑，难以表达图形的拓扑关系，图形输出不美观。在需要的时候，两种数据结构可以相互转换。在本系统中，两种数据结构都被使用，既可以满足复杂的图形叠加计算和空间数据分析，也可以满足制图等的需要。

2. 基础地理坐标

为了工作的方便和不同比例尺图形的空间匹配，区域泥石流预报系统及其基础数据库的相关地理信息数据的投影坐标均采用 Albert 投影作为统一标准，平面坐标系均采用 1980 年国家大地坐标系，高程基准面均采用 1980 年国家大地坐标系高程基准面。

3. 数据库基本内容

数据库是系统得以正常运行的保证，本系统作为一个面向业务运行的应用型地理信息系统不同于一般的数据管理信息系统，数据库中的数据主要是为了保证区域滑坡和泥石流预报模型的正常运行，包含模型中使用的各种参数图层以及辅助业务人员后期修正结果所需的各种专题数据。概括起来，数据库的内容可以分成三个专题内容。

1）研究区基本数据

（1）省级行政区、县级行政区。

（2）省级、县级行政中心。

（3）水系。

（4）铁路网。

（5）公路。

（6）主要聚居区。

（7）主要气象站点。

2）研究区泥石流环境背景数据

（1）地形（DEM）。

（2）地层。

（3）断层。

（4）土地利用。

3）研究区泥石流专题数据

（1）泥石流灾害分布。

（2）滑坡灾害分布。

以上数据库的基本数据信息的范围和主要技术指标要求列于表 5-4。

表 5-4　泥石流发育环境背景条件数据库元数据

数据名称	数据格式	比例尺
相对高差	栅格	1：25 万/1：5 万
坡度	栅格	1：25 万/1：5 万
地层	矢量/栅格	1：20 万
断层	矢量/栅格	1：20 万
土地利用	矢量/栅格	1：10 万
水系	矢量	1：25 万
道路网	矢量	1：25 万
泥石流灾害点	矢量	1：5 万/1：10 万
滑坡灾害点	矢量	1：5 万/1：10 万

三、泥石流可拓预报应用系统的开发

（一）系统开发集成技术

1. 面向对象程序设计

面向对象程序设计（object-oriented programming，OOP）起源于 20 世纪 60

年代的 Simula 语言，程序设计思想发展已经将近 40 年。在面向对象程序设计中，程序被看作是相互协作的对象集合，每个对象都是某个类的实例，所有的类构成一个通过继承关系相联系的层次结构。面向对象的语言常常具有以下特征：对象生成功能、消息传递机制、类和继承机制。

OOP 中功能是通过与对象的通信获得的。对象可以被定义为一个封装了状态和行为的实体，或者说是数据结构（或属性）和操作。状态实际上是为执行行为而必须存于对象之中的数据、信息。对象的接口，也可称之为协议，是一组对象能够响应的消息的集合。消息是对象通信的方式，因而也是获得功能的方式。对象收到发给它的消息后，或者执行一个内部操作（有时称为方法或过程），或者再去调用其他对象的操作。所有对象都是类的实例，或者说类是可用于产生对象的一个模板。类由属性名的集合、操作的集合和性质的集合组成。类的属性名规定了类中对象属性的取值范围；类的操作是类中对象共同具有的行为以及类自身所特有的行为；类中的限制指出类中对象应满足的约束条件。对象响应一个消息而调用的方法，由接受该消息的对象自己决定。类以一种层次结构来安排，在这个层次结构中，子类可以从比它高的超类中继承得到状态和方法。在某些语言中，一个给定的类可以从不止一个超类中继承，称为多继承。如果采用动态链接，继承就导致了多态性。多态性描述的是如下现象：如果几个子类都重新定义了超类的某个函数（都用相同的函数名），当消息被发送到一个子类对象时，在执行时该消息会由于子类确定的不同而被解释为不同的操作。方法也可以被包括在超类的接口中被子类继承，而实际上并不去真正定义它，这样的超类也叫抽象类。抽象类不能被实例化，只能被用于产生子类。概括而言，对象或者类实际上有三个重要的特性。

1）封装性（encapsulation）

按照面向对象编程的原定义，封装性是指隐藏类所支持和实施抽象所作的内部工作过程。封装可以避免许多维护问题。如果一个基本数据类型的结构被修改了，除类中访问该数据的方法的代码外，软件系统的其余部分是不受影响的，因此改变一个类的实现，丝毫不影响使用这个类的应用程序，从而大大减少了应用程序出错的可能性。

2）继承性（inheritance）

类支持层次结构，假设从类 A 出发派生新的类 B，类 B 为类 A 的派生类，类 B 继承了类 A 的全部行为和状态，并可添加自己的成员变量和成员函数。继承机制所带来的最大优势在于使软件系统非常容易扩充，程序员不仅可以直接使用各种已有的类，还可以从这些类方便地派生出新的类，以实现特殊的功能，这大大降低了软件开发的复杂性和费用，同时也使软件开发在系统中出错的可能性大大减少。

3）多态性（polymorphism）

多态性包括运行时的多态和编译时的多态。运行时的多态是指类和对象在软件运行时，根据不同的对象的实例调用不同对象的方法和属性的一种特性。而根据函数所传递的参数的不同而调用对象不同的函数的情形称之为编译时多态。（盛戈皓和涂光瑜，1998；王煜等，2000；席思贤和黄汉书，2000；孙艳玲等，2004；王力，2005；朱万里等，2005）

2. 组件开发技术

组件（component）开发技术是将软部件组合起来开发应用的软件或技术，它是为适应软件行业的工业化趋势而产生的。其关键技术包括数据交换模型、自动化、结构化存储和基本对象模型。本质上它是面向对象程序设计技术的深化与提高，因此在与面向对象开发技术上有许多共同之处，但是差别也比较明显，主要表现在面向对象程序设计开发的软件重用有制约：一是面向对象编程可重用仅限于源代码，因此使用的编程语言和编译程序不同，就不能做到软件重用；二是面向对象一般难以掌握。

组件开发技术具有三个比较显著的特点：

（1）以图表等可视方式提供软部件，直观地理解软部件的功能和作用，开发人员可以方便地应用它组成自己的应用系统。

（2）组合软部件的规格以标准方式实现，可以将多个人员或软部件供应商生产的部件组合起来构建系统，因部件不足而被迫编码的情况很少。

（3）不依存于以前的程序语言可方便地处理软部件，构成组件的软部件由于不是以源代码，而是以二进制方式提供，因此不需要汇编等繁杂的工作，可马上执行组合的软部件，随意改变软部件的情况减少，这在可靠性方面是十分重要的。组件开发技术使程序的编码工作大大减少，因为是独立维护，可以稳定应用软件的质量，将核心技术部件化（高俊峰等，1998）。

组件式对象模型（components object model，COM），是上述组件开发思想的具体体现，它不仅定义了组件程序之间进行交互的标准，而且也提供了组件程序运行所需要的环境。COM 本身要实现一个称为 COM 库（COM library）的 API，它提供诸如客户对组件的查询，以及组件的注册/反注册等一系列服务，一般来说，COM 库由操作系统加以实现，主要应用于 Microsoft Windows 操作系统平台上。COM 作为一种二进制标准，定义了组件对象之间基于这种技术标准进行交互的方法。本质上 COM 仍然是客户/服务器模式，客户（通常是应用程序）请求创建 COM 对象并通过 COM 对象接口操纵 COM 对象，服务器根据客户请求创建并管理 COM 对象。组件式技术是现今软件技术发展的潮流，它的优点是具有高度的重用性和互用性，涉及应用程序构成的各个方面，对应用程序的开发产生很大的影响。目前基于 Microsoft 的 COM/DCOM 规范业已成为业界的事实上的标准。

3. 组件式 GIS

组件式软件技术已经成为目前软件技术的潮流之一，为了适应这种潮流，GIS 软件也向其他软件一样逐渐开始采用组件式软件技术。采用了组件技术的 GIS 软件业称为 ComGIS，它的指导思想就是把 GIS 各大功能模块根据性质的不同划分为一个或几个控件，每个控件完成特定的功能。各个 GIS 控件之间，以及 GIS 控件与其他非 GIS 控件之间，可以方便地通过面向对象的可视化开发工具集成起来，根据需要，把实现各种功能的"积木"搭建起来就构成面向特定应用的 GIS 应用系统。

组件式 GIS 是基于组件对象平台，以一组具有某种标准通信接口，允许跨语言应用的组件，是一种全新开发工具，同传统的 GIS 比较，这一技术有多方面的特点。

1）高效无缝系统集成

GIS 应用系统建设实际上是对 GIS 数据、基本空间处理功能与各种应用模型进行集成。各种资源和设施管理 GIS 应用更是要求 GIS 和 MIS 乃至办公自动化（OA）的有机结合，这对 GIS 系统集成方案提出了很高的要求。传统的 GIS 软件在系统集成上都存在缺陷。组件式 GIS 不依赖于某一种开发语言，可以嵌入通用的开发环境（如 Visual Basic 或 Delphi）中实现 GIS 功能，专业模型则可以使用这些通用开发环境来实现，也可以插入其他的专业性模型分析控件。因此，使用组件式 GIS 可以实现高效、无缝的系统集成。

2）无需专门 GIS 开发工具和语言

传统 GIS 往往提供独立的二次开发语言，如 Arc/Info 的 AML、MGE 的 MDL、MapInfo 的 MapBasic 等。对 GIS 基础软件开发者而言，设计一套二次开发语言是不小的负担，同时二次开发语言对用户和应用开发者而言也存在学习上的负担。而且使用系统所提供的二次开发语言，开发能力往往受到限制，难以处理复杂问题。组件式 GIS 则不需要专门的 GIS 二次开发语言，只需实现 GIS 的基本功能函数，按照组件标准开发接口。这有利于减轻 GIS 软件开发者的负担，而且增强了 GIS 软件的可扩展性。GIS 应用开发者，不必掌握专门的 GIS 开发语言，只需熟悉基于 Windows 平台的通用集成开发环境，以及组件式 GIS 各个控件的属性、方法和事件，就可以完成应用系统的开发和集成。目前，可供选择的开发环境很多，如 Visual C++、Visual Basic、Visual FoxPro、Delphi、C++ Builder 以及 Power Builder 等都可以直接作为 GIS 的开发工具，这与传统 GIS 专门性开发环境相比是一种质的飞跃。

3）大众化

组件式技术已经成为业界标准，用户可以像使用其他 ActiveX 控件一样使用组件式 GIS 控件，使非专业的普通用户也能够开发和集成 GIS 应用系统，推动了 GIS 大众化进程。组件式 GIS 的出现使 GIS 不仅是专家们的专业分析工具，同时也成为普通用户对地理相关数据进行管理的可视化工具。

早期许多部门、组织和个人建设 GIS 项目的初衷并非是与人共享他们的数据，而是使用 GIS 来管理和维护他们拥有的财产、资源和设施。因此传统的 GIS 软件主要是面向地理数据的拥有者，系统非常昂贵、庞大而且复杂。随着社会信息化的进一步加深，数据共享显得越来越重要。让用户共享并且浏览数据，不但能保护数据投资，而且能产生增值效应。事实上，数据的使用者（users）远远比数据的拥有者或制作者（doers）多，而数据的浏览者（viewers）则比使用者多。数据的拥有者、使用者和浏览者呈金字塔形。新型的组件式 GIS 是面向位于金字塔下部的数据使用者和浏览者的。使用组件式 GIS，可以方便地进行地理数据的分析、浏览和发布。

4）成本低

由于传统 GIS 结构的封闭性，往往使得软件本身变得越来越庞大，不同系统的交互性差，系统的开发难度大。组件式 GIS 提供空间数据的采集、存储、管理、分析和模拟等功能，至于其他非 GIS 功能（如关系数据库管理、统计图表制作等）则可以使用专业厂商提供的专门组件，有利于降低 GIS 软件开发成本。另外，组件式 GIS 本身又可以划分为多个控件，分别完成不同功能。用户可以根据实际需要选择所需控件，最大限度地降低用户的经济负担。

4. ArcObject

面对组件 GIS 不可阻挡的潮流，ESRI 作为全球 GIS 软件的领导者也顺应 ComGIS 的潮流，推出了 ArcObject（以下简称 AO），并且利用 AO 重构了其 ArcInfo 系列产品，推出了基于 AO 的 ArcGIS 系列产品，其中 AO 的 8.3 版本中包含 1500 多个组件类，超过 1600 个接口，9 版本中则有超过 2700 多个组件类和 3000 多个接口。如上所述，由于 COM 技术是微软公司提出的一种开发和支持程序对象组件的标准，按照该标准建立的组件对象在功能和具体实现分离开来，为组件复用提供了强有力的底层支持。用户不需要了解其内部构造，只需使用接口对其进行操作。用户程序作为客户端通过接口向组件对象实例及服务器发出请求，服务器端根据客户端的请求完成相应的任务，并向客户端作出回应。用户能知道的只是该组件能够完成什么功能、通过什么接口调用。同样基于 COM 技术的 AO 也将 ArcGIS 中全部的功能暴露给开发者，而将具体实现隐藏，使开发人员不必专注于功能实现的具体细节上，而将更多精力放在系统功能的设计和专业问题上。这是一套目前为止最为强大的 ComGIS 组件，拥有很强的 GIS 空间分析和空间信息管理功能，用户可以使用目前流行的任何一种高级程序设计语言，如 VB、VC++、Delphi 等多种开发环境调用这些组件来建立自己独立的 GIS 应用系统（于雷易和边馥苓，2004；方青等，2005；宁静和臧淑英，2005；王力，2005；王农等，2005；佐仁广和汪新庆，2005；张玉红等，2005；毛玉龙，2006）。

AO 组件库的每一个组件中定义有不同的类（class），类下面定义了不同接口（interface），接口中包含不同的属性（property）和方法（method）。类之间有类型继承（type Inheritance）关系，接口之间有接口查询（query interface）及相互继承关系（interface inheritance）。图 5-11 显示了 AO 组件中的关键概念，抽象类（abstract class）是用来组织特定子类的类，不能从中创建对象；类（class）是 AO 中不能自己生成，必须从其他 AO 对象中产生的类；组件对象类（coclass）是可以直接实例化的类，即可以在开发环境程序中直接声明创建。

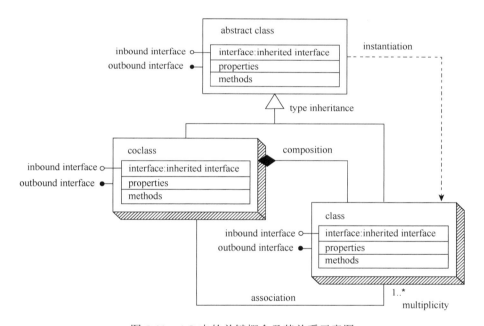

图 5-11　AO 中的关键概念及其关系示意图

接口（interface）是 AO 开发中的一个非常重要的概念。接口是指组件对象的接口，它是包含一组函数的数据结构，通过这组数据结构，客户代码可以调用组件对象的功能，组件对象间的访问都是通过接口来进行的，COM 接口是抽象的，意味着相关的接口没有实现，和接口相关的代码来自于一个类实现。用 AO 开发意味着使用接口。接口随时间的推移而不断演化，新的接口可随着需要被添加，一旦一个接口被添加，它就永远不能被取消。而许多面向对象的语言只用类和对象而不用接口，当在一个类需要更新时，类的代码就会改变。随着

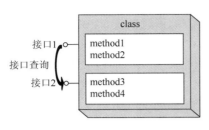

图 5-12　QI 技术示意图

类的改变，客户端的代码就会被荒废，任何引用类的客户端代码都可能导致失败。而接口解决了这个演化问题，一旦写好接口代码，代码永远不变，所以客户机的代码不可能被破坏。如果类需要被重新编码，只需添加新的接口，从而避免引用该类的客户端因代码改变而出现问题。

由于类的演化就会产生一个类具有多个接口，随之而来的概念就是接口查询（query interface，QI）。所谓接口查询是指在同一个对象上同时使用多个接口的一种技术（图 5-12），当类按照其中的一个接口实例化后，就可以用 QI 来获取该实例化对象上的其他接口的方法和属性（ESRI，2004）。

（二）系统的开发和运行

1. 系统开发和运行环境

泥石流预报系统是面向气象部门的应用型 GIS 系统，系统开发和运行的硬件平台立足于个人电脑（PC），系统软件平台采用 Microsoft 公司的视窗系列，专业软件平台采用了 ESRI 公司的 ArcGIS Desktop 产品，利用 AO 技术搭建而成。系统的开发和运行环境如下。

（1）硬件平台：Pentium 1.5GHz 及其以上 PC；动态内存≥256M；硬盘可用空间≥2GB。

（2）操作系统：Microsoft Windows Server 2000/2003 或 Microsoft Windows 2000/XP/Win7。

（3）GIS 平台：ArcGIS Desktop 9.0（SP2）或以上版本，Microsoft Office Access 2000/2003/XP。

（4）浏览器：IE6.0。

2. 系统主要功能和操作

本章第三节已经详细阐述了系统的各个功能部分及其原理，这里将介绍系统的主要操作。以下将按照系统实际运行时的先后顺序介绍系统的主要操作。

1）设置模型参数

区域泥石流预报模型中很多参数是在当前认识水平下确定的，随着泥石流研究的不断深入，很多参数可能会发生变化，为了保证系统能体现出这种变化，系统开发时提供了参数设置的选项（图 5-13），在认为有必要修改包括权重在内的各种参数时可以进行随时更新。设置正确参数之后，以后运行时就不需要再次设置，系统会自动记录参数的设置情况。

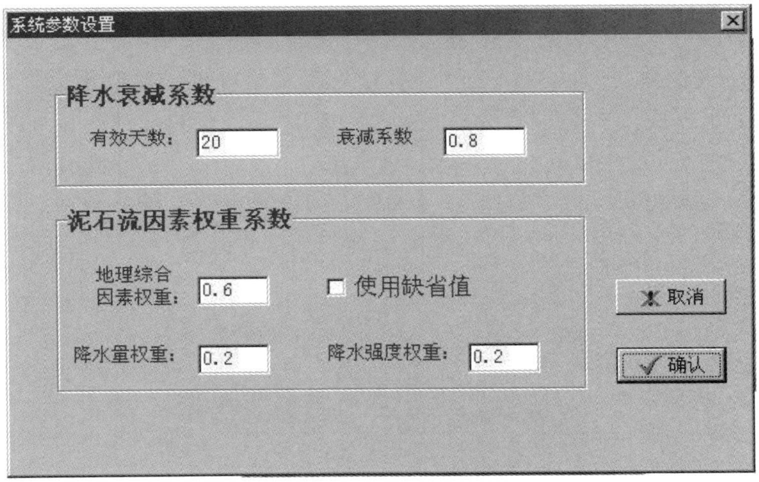

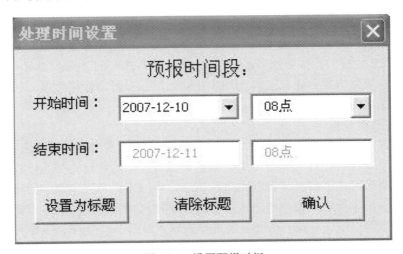

图 5-13　模型参数设置

2）设置预报时间

设置完数据路径和模型参数之后，就可以进行预报了，系统会自动判断当前日期和时间，并使用相应时段的降水数据进行预报，不需要进行预报日期的设置。但是如果当前系统时间设置不正确或者需要进行当前日期之前的某日的"回溯"时，就可以使用设置预报时间的功能（图5-14）。

图 5-14　设置预报时间

3）降水处理

降水是区域泥石流预报系统中变化最大的因素，也是系统众多因素中构成比较复杂的因素，前面章节已经做过详细的阐述。每次预报前都必须选择对应时段的观测和预报降水进行处理，作为预报模型的输入参数。

图 5-15 是降水处理菜单，分别包括前期降水量处理、数值预报降水量处理、数值预报降水强度处理和综合降水量处理。运行方式有两种：一是逐项运行，分别执行 1 到 4；二是一键式运行方式，直接运行 5。其中 1 完成观测降水数据的处理，得到泥石流前期雨量，2、3 则完成数值预报降水的处理，分别生成当次降水量和最大小时降水强度，4 则将前期雨量和当次雨量作进一步的处理。

图 5-15　降水处理

前期降水处理主要完成观测降水的插值，生成降水栅格文件，作为区域泥石流可拓预报有效降水中的前期有效降水部分。数值预报降水量处理部分对数值预报模型 WRF 生成的预报降水产品转化为 ArcGIS Desktop 的 point shape 文件，之后再将其插值生成覆盖研究区的 3km×3km 数值预报降水栅格数据。该功能的程序流程框图如图 5-16 所示。

4）泥石流预报

泥石流预报菜单主要包括两大主要功能：降水可拓关联度计算和泥石流预报。另外还有用来检查泥石流预报模型数据是否准备齐全的数据完整性检查功能。之所以要把降水可拓关联度计算放在该菜单下，是因为泥石流预报中的降水可拓关联度计算参数和滑坡预报中的降水可拓关联度计算参数是不同的，因此不能放在降水处理菜单里统一处理，需要分别进行处理。如图 5-17 所示，操作方法也可以是分步执行或者一键式运行，即或者依次执行 A 到 C，或者直接执行 D。其中泥石流概率预报部分程序流程图如图 5-18 所示。

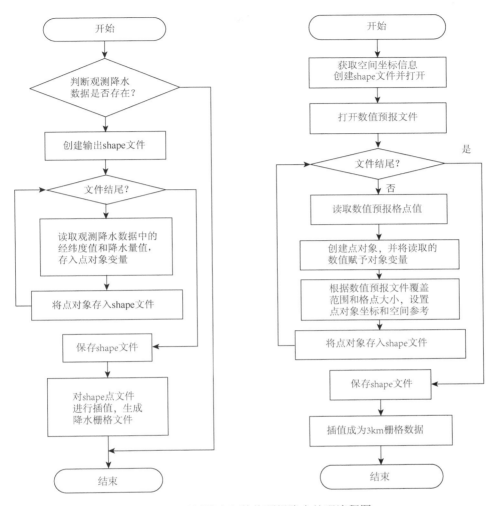

图 5-16　观测降水和数值预报降水处理流程图

图 5-17　泥石流预报

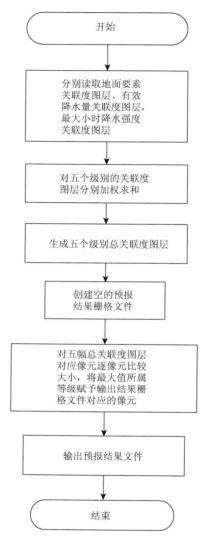

图 5-18　泥石流概率预报流程图

5）预报结果加工与输出

泥石流预报过程计算完成后，生成的结果会直接自动加载到当前 Map 中，但是添加之后的预报结果图层对五级预报结果是采用随机颜色渲染的，不利于对预报结果的理解。图 5-19 中 C（预报结果渲染）则将生成的预报结果图层统一渲染，最高等级五级为红色，RGB（255，0，0）；四级为黄色，RGB（255，255，0）；三级为绿色，RGB（0，255，0）；二级为蓝色，RGB（0，0，255）；一级为浅蓝色，RGB（125，255，255）。

此外，提供了 B（绘制等值线）功能，预报人员可以以预报结果为依据，结合自身经验、地形信息和已有泥石流灾害记录等信息作进一步的分析和决策，绘制预报等级等值线图。

另外，由于气象系统使用的最为广泛的数据格式为 MICAPS 文件格式，按照用户的要求，最终的预报结果要以 MICAPS 的格式输出。因此提供了导出等值线的功能，将绘制的等值线线文件转化为 MICAPS 的文件格式输出保存，也可以直接将预报结果或者加工之后的结果输出为常见的各种格式的图片，便于各种电子文档的制作（图 5-19）。

6）预报后处理

由于系统运行过程中生成大量的临时和中间数据，这些文件一般占用空间比较大，时间一长，系统的空间可能会被大大占用。数据维护菜单下的功能就是为解决这些问题，供用户在预报制作完毕之后进行临时文件和中间结果的清理。另外，如果需要对预报结果存档备份，则可以利用系统中的"预报结果文件备份"功能（图 5-20）。

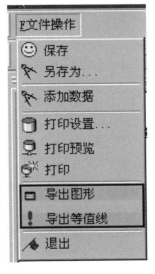

图 5-19 预报结果加工与结果输出　　　　　图 5-20 预报后处理

7）一键式运行

对于最终用户来说，总是希望系统操作越简单越好，尤其是像区域泥石流预报系统这样汛期每天都要运行的系统。针对用户的这一需求，本系统设置了几个一键式运行功能，将上一步骤计算结果、参数与下一步骤的输入结合起来，从而实现了降水处理的一键式运行、泥石流预报的一键式运行以及整个系统的一键式运行。

A. 降水处理一键式运行

完成所有降水处理（图 5-21），后面可以继续执行"泥石流预报"下的功能，完成泥石流的预报。

B. 泥石流预报一键式运行

此功能涵盖了"降水数据处理"的全部功能，设置好系统相关参数之后，就直接运行该菜单项，直接得到泥石流概率预报的结果（图 5-22）。

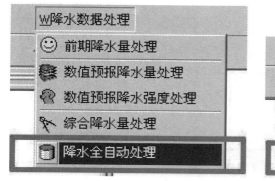
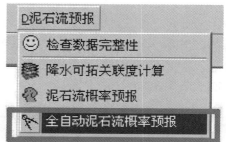

图 5-21　降水处理一键式运行　　　　　图 5-22　泥石流预报一键式运行

第五节　泥石流可拓预报系统应用

一、东南地区泥石流预报应用

泥石流可拓预报应用系统开发完成后在东南地区（包括浙江、福建和广东三省）进行了应用，现将对区域内的两次典型的泥石流预报案例分析如下。

（一）福建省泰宁县和乐县将乐县泥石流预报案例

2010 年 6 月 18 日福建省和浙江省南部发生了一次较强降水，并引发了泥石流灾害。2010 年 6 月 17 日该应用系统根据数值天气预报提供的降水预报产品（未来 24h 预报降水量）（图 5-23）和未来 24h 预报最大降水强度（图 5-24））以及前期实况降水，于 20：00 作出未来 24h 的泥石流预报。

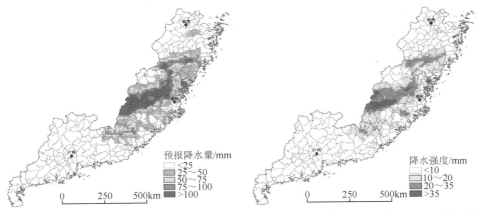

图 5-23　2010 年 6 月 17 日 20：00 未来 24h　　　图 5-24　2010 年 6 月 17 日 20：00 未来 24h
　　　　　　　降水量　　　　　　　　　　　　　　　　　最大降水强度

图 5-25 是未来 24h 泥石流预报结果图（未经人工订正），预报结果显示在福建省西部和东北部以及东南部多地发生泥石流的概率高，特别是在西部地区多地发生泥石流的概率等级达到最高级（五级）。事实上，福建省西部的泰宁县上青、新桥、朱口等乡镇于 2010 年 6 月 18 日均暴发山洪、泥石流，迅速冲毁村庄、农田，其中上青乡东山村 39 户人口的上溪头自然村全部被泥石流冲毁、片瓦无存（据中共泰宁县委、泰宁县人民政府的"泰宁县'6·18'特大洪灾情况汇报"）。同时，将乐县大源乡和安仁乡也于 6 月 18 日 11：45 左右暴发泥石流灾害，其中大源乡廖家地村泥石流灾害造成该村 4 人死亡，民房全部被淹，损毁 180 间，家畜不计其数，农田损毁约 15hm^2，紧急转移安置常驻村民 198 人，交通、电力、水全面中断（池希武，2013）。

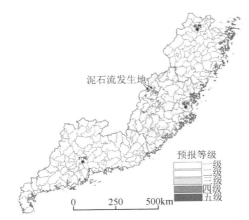

图 5-25　2010 年 6 月 17 日 20：00 24h 泥石流预报结果

而国土资源部发布的 2010 年 06 月 17 日 20：00 至 2010 年 06 月 18 日 20：

地质灾害气象预警预报结果（http：//qxyj.cigem.gov.cn/webpublish.html）则显示预报时间段内无泥石流和滑坡灾害发生的危险。将两种预报结果进行对比，可见泥石流可拓预报应用系统的预报结果具有较高的准确性，对该次灾害进行了较好的预报。

二、西南地区泥石流预报应用

泥石流可拓预报应用系统在西南地区（包括云南、贵州、重庆和四川三省一市）进行了应用测试，现将该系统的测试情况进行简单介绍（齐丹等，2010）。

2007 年 7 月，西南地区接连遭受了多次大到暴雨袭击，并引发了多处滑坡和泥石流等地质灾害。这期间该系统在国家气象中心进行测试运行，利用 WRF 模式为系统提供未来 24h 降水量和最大 1h 雨强等降水预报产品支持，预报未来 24h 泥石流发生的概率等级。根据 2007 年 7 月运行的预报结果，并对比该月西南地区发生的泥石流滑坡灾情，对预报结果和灾情情况进行了统计。统计时，将泥石流发生概率等级达到三级及以上等级（三级及以上等级向公众发布预警）预报且实际发生灾害的视为报对，将泥石流发生概率等级在三级以下（三级以下不向公众发布）预报但实际有灾害发生视为漏报。统计结果（表 5-5）显示，在 2007 年 7 月的 36 次灾情中只发生了 7 次漏报，预报的准确率较为理想。

表 5-5　2007 年 7 月西南地区灾情预报情况统计

日期	省份	地区	预报结果	日期	省份	地区	预报效果
7-2	四川	巴中	报对	7-10	贵州	雷山县	报对
7-2	四川	巴中南江县	报对	7-12	贵州	黔东南	报对
7-2	四川	南充南部县	报对	7-12	云南	腾冲	报对
7-2	四川	广元旺苍县	报对	7-12	云南	文山州	漏报
7-2	四川	仁寿县	报对	7-13	云南	武定	漏报
7-2	四川	巴州	报对	7-12	云南	昭通	漏报
7-3	四川	广安市	报对	7-13	云南	祥云	报对
7-3	四川	内江市资中县	报对	7-15	云南	腾冲	报对
7-3	四川	九龙县	报对	7-18	云南	盐津、大关	报对
7-3	四川	广元市旺苍县	报对	7-19	四川	攀枝花市	报对
7-4	四川	南江县	报对	7-19	云南	盈江	报对
7-4	四川	遂宁市大英县	报对	7-20	云南	龙陵	报对
7-4	四川	珙县	报对	7-20	云南	西盟	报对
7-5	四川	蓬溪	报对	7-23	贵州	毕节	漏报
7-6	四川	南江县	报对	7-24	贵州	六盘水	报对
7-7	四川	木里	报对	7-25	四川	凉山州布拖	报对
7-8	重庆	黔江区	漏报	7-27	贵州	毕节	漏报
7-10	贵州	黔南州惠水县	漏报	7-29	四川	凉山州布拖	报对

三、广东省广州市泥石流预报应用

　　泥石流可拓预报系统在广东省广州市进行了应用，在应用中利用多普勒天气雷达的相关产品提供未来 2h 的预报降水量和降水强度等数据支持，进行逐小时的滚动预报，预报时效为未来 2h。

　　2010 年 5 月 7 日凌晨广州市发生一次强降水过程，广东省气象台根据雷达监测数据外推未来 2h 的降水量和降水强度，起动逐小时的地质灾害滚动预报。图5-26 和图 5-27 是 2010 年 5 月 7 日 05：00 利用多普勒天气雷达监测数据外推的未来 2h 降水量分布图和未来 2h 最大小时降水强度分布图，依据该数据以及前期实况降水数据预报系统作出了 2010 年 5 月 7 日 05：00～07：00 的泥石流预报结果（图 5-28）。根据预报结果，广州市东北部的局部地区泥石流发生概率等级较高，达到向公众发布泥石流预警的水平。事实上，2010 年 5 月 7 日凌晨 6：00 左右广州市从化市发生了泥石流灾害（图 5-28）。预报系统为这次灾害的发生提供了较为精准的预警。

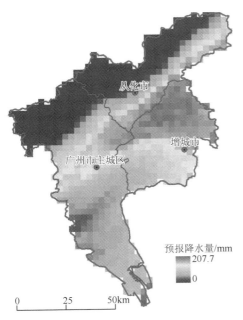

图 5-26　2010 年 5 月 7 日 5：00 未来 2h
降水量分布图（后附彩图）

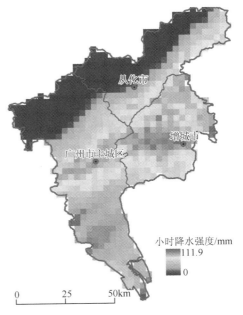

图 5-27　2010 年 5 月 7 日 5：00 未来 2h
最大小时降水强度分布图（后附彩图）

图 5-28　2010 年 5 月 7 日 5：00 泥石流预报结果图

四、汶川地震灾区泥石流预报系统应用

将可拓泥石流预报应用系统在汶川地震灾区进行了应用，在应用中同时使用了数值天气预报提供的未来 24h 降水预报产品进行未来 24h 的泥石流预报，同时还利用多普勒天气雷达提供的未来 3h 外推降水进行未来 3h 的泥石流逐小时滚动预报。现将应用的情况作简要介绍。

（一）基于数值天气预报的未来 24h 泥石流预报

预报 2010 年 8 月 13 日汶川地震灾区发生一系列泥石流灾害，其中，13 日凌晨绵竹市清平乡发生的系列特大泥石流灾害和同日下午 16：00 都江堰市龙池镇发生的系列泥石流灾害最为典型。2010 年 8 月 12 日基于数值天气预报的泥石流预报系统根据前期实况降水（图 5-29）、预报未来 24h 降水量（图 5-30）和最大小时降水强度（图 5-31），结合下垫面作出未来 24h（8 月 12 日 20：00～13 日 20：00）的泥石流灾害预报（图 5-32）。

分析绵竹市清平乡和都江堰市龙池镇的前期有效降水，可以发现其大小对泥石流形成的影响达到几乎可以忽略的程度，而未来 24h 的预报降水量均超过 100mm，最大 1h 降水强度也在 50mm 以上，因此这是由强降水激发形成的泥石流灾害。泥石流预报系统对其作出了较好的预报，两个灾害点所处的预报结果均为四级和五级，达到了发出地质灾害预警的级别。

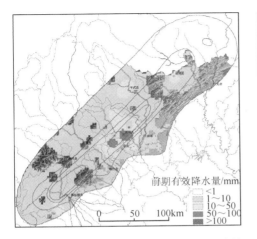
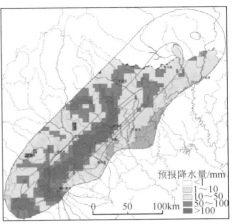

图 5-29　2010 年 8 月 12 日 20：00 前期有效
　　　　　降水量

图 5-30　2010 年 8 月 12 日 20：00～13 日
　　　　　20：00 预报降水量

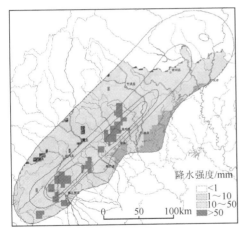
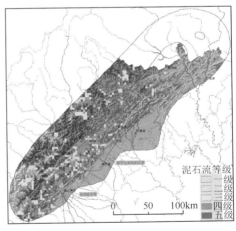

图 5-31　2010 年 8 月 12 日 20：00～13 日
　　　　　20：00 最大小时降水强度

图 5-32　2010 年 8 月 12 日 20：00～13 日
　　　　　20：00 泥石流预报结果

（二）基于多普勒天气雷达的未来 3h 泥石流预报

在基于数值天气预报的降水预报产品对 2010 年 8 月 13 日汶川地震灾区泥石
流灾害进行未来 24h 泥石流预报的同时，还基于多普勒天气雷达进行了未来 3h 的逐小时滚动预报。图 5-33 是前期实况降水分布，图 5-34 是利用多普勒天气雷达外推的未来 3h 预报降水，图 5-35 是利用多普勒天气雷达外推的最大小时降水强度，图 5-36 是预报系统作出的 2010 年 8 月 13 日 15：00～18：00 泥石流预报结果。根据泥石流预报的结果，都江堰市龙池镇龙溪河流域的系列泥石流灾害预报较为准确，但是，由于清平乡文家沟一带受地形及雷达仰角的影响，处于雷达阴影区，无法获得雷达回波，缺少雷达外推的降水数据，所以泥石流预报系统未能对本次泥石流给出预报。

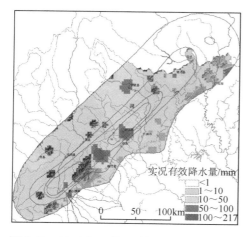

图 5-33　2010 年 8 月 13 日 15：00 实况有效
降水量

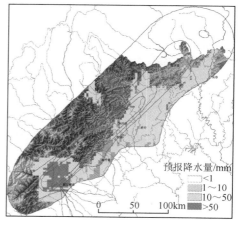

图 5-34　2010 年 8 月 13 日 15：00～18：00
预报降水量

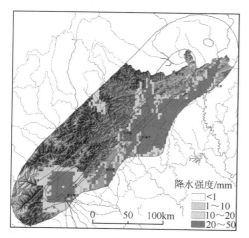

图 5-35　2010 年 8 月 13 日 15：00～18：00
最大小时降水强度

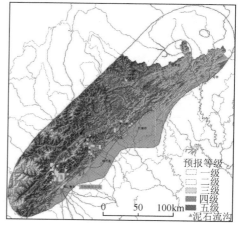

图 5-36　2010 年 8 月 13 日 15：00～18：00
泥石流预报结果

参 考 文 献

蔡文. 1987. 物元分析. 广州：广东高等教育出版社.

蔡文. 1994. 物元模型及其应用. 北京：科学技术文献出版社.

蔡文，杨春燕，林伟初. 1997. 可拓工程方法. 北京：科学出版社.

池希武. 2013. 福建将乐廖家地泥石流灾害调查及防治措施. 福建地质, 32（1）：60-64.

高俊峰，林泽新，李毅. 1998. Componer 在流域管理信息系统中的应用. 水科学进展, 9（4）：353-355.

方青，张存千，王勇. 2005. ArcObjects 在昆山土地利用更新调查中的应用. 现代测绘, 28（1）：37-39.

李士勇. 1996. 模糊控制、神经控制和智能控制. 哈尔滨：哈尔滨工业大学出版社.

毛玉龙. 2006. ArcGIS 的二次开发. 福建电脑,（2）：84-85.

宁静，臧淑英. 2005. 基于 ArcObject 技术的森林扑火队行程轨迹回放功能研发. 测绘与空间地理信息, 28（3）：56-58.

齐丹，田华，徐晶等. 2010. 基于 WRF 模式的云贵川渝地质灾害气象预报系统的应用. 气象, 36（3）：101-106.

阮沈勇，黄润秋. 2001. 基于 GIS 的信息量法模型在地质灾害危险性区划中的应用. 成都理工学院学报, 28（1）：89-92.

盛戈皓，涂光瑜. 1998. 面向对象方法在水电站监控系统软件开发中的应用. 水电能源科学, 16（4）：63-66.

孙艳玲，谢德体，郭鹏等. 2004. 基于面向对象思想 GIS 地理数据库设计方法研究. 水土保持学报, 18（5）：197-199.

王力. 2005. 基于 AO 和面向对象思想的 GIS 图形编辑的设计与实现. 测绘信息与工程, 30（1）：10-12.

王农，卢玉东，张春梅. 2005. 组件式 GIS 在水土保持行业中的应用研究. 水土保持科技情报,（2）：10-12.

王煜，杨立彬，侯传河等. 2000. 利用面向对象技术研究开发水量调度决策支持系统. 水科学进展, 11（4）：441-446.

韦方强，胡凯衡，崔鹏等. 2002. 不同损失条件下的泥石流预报模型. 山地学报, 20（1）：97-102.

温守钦，李仁锋，任群智等. 2005. GIS 技术在地质灾害区划中的应用. 中国地质, 32（3）：512-517.

席思贤，黄书汉. 2000. 面向对象编程方法在水资源供需平衡计算中的应用. 水利水电技术, 31（9）：9-11.

于雷易，边馥苓. 2004. 基于 AO 的符号组件设计与实现. 测绘通报,（1）：20-21.

张玉红，江宏军，臧淑英. 2005. 基于 AO 技术的森林防火地理信息系统实例应用分析. 测绘通报,（3）：45-47.

朱万里. 2005. 利用面向对象的技术开发海洋环境预报发布系统. 海洋预报, 22（1）：74-79.

佐仁广，汪新庆. 2005. ArcObjects 在资源评价基础数据库系统中的应用. 地理空间信息, 3（1）：31-32.

Cai W. 1999. Extension theory and its application. Chinese Science Bulletin, 44（17）：1538-1548.

ESRI. 2004. ArcGIS Desktop Developer Guide（ArcGIS9.0）.

第六章　泥石流机理预报

第一节　泥石流机理预报的途径和瓶颈

　　基于泥石流形成机理的预报是泥石流预报的最佳模式，然而，由于目前泥石流形成机理的研究尚未取得实质性突破，导致泥石流机理预报也无有效的进展。随着泥石流形成机理研究的不断深入，目前一些研究成果已可以应用于泥石流预报，但仍存在制约其有效应用的瓶颈。本节重点分析泥石流预报的途径和瓶颈。

一、泥石流机理预报的途径

　　根据泥石流形成的方式，可将泥石流形成分为土力类泥石流和水力类泥石流。土力类泥石流的形成主要是重力作用导致的失稳土体与地表径流融合后形成的；水力类泥石流的形成主要是沟床物质在地表径流作用下起动并与地表径流融合而形成的。

　　土力类泥石流形成过程中的土体失稳一般是在降水作用下入渗到土体里的水分改变了土体特征而引发的，与流域内的水文过程密切相关。同时，无论是土力类泥石流的失稳土体与地表径流融合还是水力类泥石流的沟床物质启动并与地表径流融合均与降水作用下的流域水文过程密切相关。也就是说，在形式上是降水引发了泥石流的形成，但实际上是降落在流域内的雨水通过土体入渗、地表径流和地下径流等水文过程影响了坡面土体和沟床物质的稳定性，并最终在地表径流的作用下形成泥石流。

　　因此，泥石流机理预报的重要途径是利用降水数据进行水文过程模拟，模拟降水作用下流域水文变化过程，评估土体和沟床物质的稳定性，进而评估失稳土体和起动的沟床物质与地表径流融合形成泥石流的可能性。在实际的泥石流形成中，除了土力类和水力类，还存在着土力和水力混合的类型。这三种类型泥石流形成过程可以用图 6-1 进行表述。

　　降水通过渗流进入土体—水的作用下土体强度发生变化—评估土体的稳定性—计算失稳土体的量—失稳土体与降水产生的地表径流融合—形成土力类泥石流；降水在地表产流和汇流作用下形成地表径流—评估在地表径流水力作用下沟床物质稳定性—计算起动的沟床物质量—起动的沟床物质与地表径流融合—形成水力类泥石流；如果在一个流域内既有坡面失稳土体与地表径流的融合，又有起动的沟床物质与地表径流融合，则形成混合类泥石流。

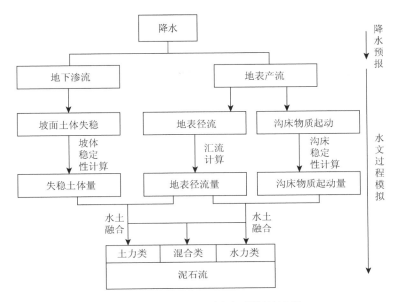

图 6-1 泥石流形成过程与预报的途径

根据这些泥石流形成过程，可以利用降水预报—水文过程模拟—坡面失稳土体量计算（沟床物质起动量计算）—失稳土体与地表径流融合（起动的沟床物质与地表径流融合）的途径进行泥石流机理预报。

（1）降水预报提供流域内可能发生的降水，为泥石流预报提供输入量；

（2）水文过程模拟贯穿泥石流预报始终，模拟在降水作用下的土体含水量变化和地表径流变化，为土力和水力计算提供基础；

（3）坡面失稳土体量计算在评估降水作用下坡面土体稳定性的基础上计算失稳土体量，为评估土力类泥石流的形成提供固体物质基础；

（4）沟床物质起动量计算在评估地表径流水力作用下沟床物质稳定性的基础上计算起动的沟床物质量，为评估水力类泥石流的形成提供固体物质基础；

（5）失稳土体或起动的沟床物质与地表径流融合成一种水、土、石的混合体，这个混合体的性质决定了形成的是泥石流还是高含沙洪水。

二、泥石流机理预报的瓶颈

（一）泥石流机理预报的瓶颈

泥石流一般在流域的中上游形成，然后向下游运动，运动过程中可能继续增大规模，也可能停歇，甚至停止。因此，无论是泥石流的形成还是运动都是在一个流域内的水土活动，也就是说泥石流预报的单元应当是一个流域。然而，自然界中流域有大有小，大可以大到长江、黄河这样的巨大流域，小可以小到一个微小的切沟，流域面积可以相差上亿倍。那么，应如何确定这个"流域"单元呢？既无法按流域级别划定，也无法简单地按流域面积大小确定，这就形成了泥石流机理预报的第一个瓶颈。

同时，目前对泥石流形成机理的理论研究绝大多数是以一个点或者土（流）体单元为基础的力学模型，尚没有以流域为基础的力学模型。也就是说，目前对泥石流形成机理的研究尺度还处于点尺度或者土（流）体单元尺度，缺乏流域尺度的研究。在某个点或者土（流）体单元上满足了泥石流形成的力学条件，但不一定代表在其他点或者土（流）体单元上满足泥石流形成的力学条件，更无法确定能在流域尺度上形成泥石流。这就形成了泥石流机理预报的第二个瓶颈。

（二）泥石流机理预报瓶颈的突破

这两个瓶颈的存在使泥石流机理预报研究长期停滞，使泥石流预报停留在对单元网格或者一定面积区域的统计分析预报或成因分析预报，一直无法实现基于机理的预报。为了实现机理预报，我们对这两个制约泥石流机理预报的瓶颈进行了探索，试图突破其制约。

1. 泥石流流域单元的确定

1）泥石流沟的确定方法

凡是发生过泥石流这一事件的沟（坡）或具备了形成泥石流这一事件的沟（坡），都应认定为泥石流沟（坡）（钟敦伦等，2004）。但是如何确定一条沟是不是泥石流沟呢？诸多学者进行了大量的研究。对于有泥石流活动痕迹和历史资料的沟谷很容易判别，唐邦兴等（1994）认为这两个条件是确定泥石流沟的充分条件，一条沟谷只要具备其中之一，就可判为泥石流沟谷。但对于缺少这两个条件的沟谷，学者大多从泥石流形成的三大条件（地形条件、物质条件和水源条件）进行判识，总结诸多学者的研究，可以将泥石流沟的确定方法归纳为如下几种。

A. 判别因素分析法

吕儒仁（1985）提出了采用气候、水文特征，流域形态特征，地质与地震和泥石流堆积特征 4 个一级直接因素，地区年降水量、突发水源、地区年（平）均（气）温，流域面积、海拔、高差、沟床平均比降与山坡坡度，构造与岩性、地震震级、固体物质储量与不良地质现象，以及高密度黏性泥石流堆积特征和稀性泥石流或水石流堆积特征等 12 个二级直接因素；水土流失和人类经济活动两个间接因素判别泥石流的方法。蒋忠信（1994）以成昆铁路 140 条沟谷为样本，优选年最大 24h 降水量多年平均值、沟谷纵剖面形态指数、单位流域面积内松散固体物质动储量、岩性、断裂长度和流域林地率 6 个可室内作业的指标，建立了暴雨泥石流沟的简易判别方法，正确率达 82%。陈宁生等（2009）提出用流域单位面积的松散固体物质方量来判识泥石流沟，调查西部山区的 50 条泥石流沟，提出以 0.1m³/m² 的松散固体物质量作为泥石流沟的判别指标，以 2m³/m² 的松散固体物质量作为黏性泥石流沟的判别指标，从而进行汶川地震灾区泥石流沟应急判识。

B. 严重程度数量化综合评判法

谭炳炎（1986）提出采用地貌因素、河沟因素、地质因素 3 个一级因素；流域面积、相对高差、山坡坡度、植被、河沟扇形地貌、产沙区主沟横断面特征、纵断面特征、沟内冲淤变化、堵塞情况、泥沙补给段长度比、岩石类型、构造特征、不良地质现象、产沙区覆盖平均厚度、松散物储量 15 个二级因素；27 个三级因素和 30 个四级因素；对人类经济活动特别强烈的沟谷施加附加分的方法，对泥石流沟谷的严重程度进行评判。评判结果分为四级：严重、中等、轻度、没有。实际上评判中的轻度和没有的界限，就是泥石流沟和非泥石流沟之间的界限，严格说来，这已不是判别泥石流沟严重程度的界线。朱静（1995）以云南泥石流形成环境的区域调查为基础，提出了以 11 项因素作为泥石流沟判别与危险度评价预测的背景参数，依据关联性序列分析确定了因素的权重分配，应用数量化理论建立了泥石流沟判别模式和危险度评价预测的计算方法。应用结果表明该法可靠、简便和实用，适用暴雨类泥石流沟判定与危险度的评价预测。庄建琦等（2009）选择流域面积、主沟长度、相对高差、沟床比降、平均坡度、相对切割程度、圆状率和侵蚀程度 8 个指标，构建 SOM 神经网络模型，对金沙江流域溪洛渡库区泥石流沟进行了判识。

C. 识别要素临界值判别法

韦方强（1994）在前人工作的基础上，通过系统工程原理分析泥石流系统后，提出了通过泥石流系统的相对高度与沟床比降、岩性、最大 24h 降水量等识别要素的临界值判别泥石流沟（坡）的方法（图6-2）。

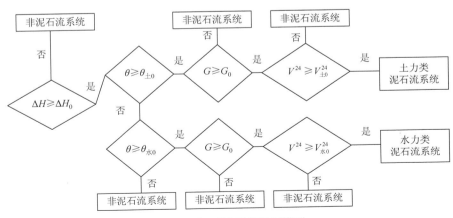

图 6-2　泥石流系统识别模型

D. 流域特征与泥石流要素临界值对比判别法

王礼先和于志民（2001）提出从地质特征、地貌特征、沟谷形态、固体物质储备量、冲淤堵塞情况、沉积物形状、沉积物组成、沉积物容重、泥浆稠度等 10 个要素的特征或临界值进行泥石流荒溪和非泥石流荒溪的判别，这实际上也就是泥石流沟的判别。

E. 形成条件和活动产物分析与活动史访问判别法

中国科学院成都山地灾害与环境研究所（1989）通过大量区域性泥石流考察和半定位观测资料分析认为，要判别一条（处）沟（坡）是否是泥石流沟（坡），可从三个方面入手，一是该沟（坡）是否具备泥石流形成条件，二是该沟（坡）是否有泥石流活动的产物，三是该沟（坡）是否有泥石流活动史，并据此提出了地质、地貌分析，沉积物、泥痕分析和泥石流活动史访问的泥石流沟（坡）判别方法。

F. 遥感图像解译法

随着遥感技术的发展，应用遥感技术判别泥石流沟谷的方法也获得迅速的发展，无论是采用航片解译泥石流沟，还是应用卫星图像解译泥石流沟都取得了一定的进展。何易平等（2000）、乔彦肖等（2004）、杨武年等（2005）先后用 Landsat-TM、SPOT、QulckBird、ERS-SAR 和 RADARSAT、CBERS 02B 等遥感影像，根据泥石流形成区、流通区、堆积区的特征建立解译标志，从而进行泥石流沟的判识。但泥石流沟（坡）以小流域或坡面为主要对象，判译难度较大。近年来，随着高时间分辨率、高光谱分辨率、高空间分辨率遥感技术的发展，遥感影像在泥石流领域的应用也越来越广，尤其是 2008 年 "5·12" 汶川地震后，多家科研院所与高校对利用遥感影像进行了滑坡泥石流等次生地质灾害调查解译与应急评估。

2）泥石流流域单元的确定

通过对上述各种方法的分析比较发现，随着人们对泥石流认识、研究的不断深入，泥石流沟判识方法从简单的分类方法发展到复杂的综合评判方法、从定性判识发展到定性与定量相结合的判识、从野外调查发展到野外考察与室内解译相结合的判识。然而，除了对具有泥石流发生痕迹或泥石流活动历史资料的沟谷易于识别外，对其他沟谷的识别均较为复杂，难以对自然界中存在的大量沟谷实施识别。这也就是目前政府部门已经确定了大量的地质灾害隐患点并进行监测，而每年都在出现新的地质灾害点的原因。这些已明确的泥石流流域是泥石流预报的当然流域单元，但大量存在的未被人们所认识的可能发生泥石流的潜势泥石流流域也是泥石流预报的流域单元。因此，对这些潜势的泥石流流域进行识别就更为重要。

A. 泥石流潜势流域的识别方法

钟敦伦等（2004）认为泥石流是一种动力地貌（或地质）现象（或过程），地貌条件是形成泥石流的内因和必要条件，为泥石流提供能量和活动场所（能量转换条件），与泥石流发育密切相关，制约着泥石流的形成和运动，影响着泥石流的规模和特性，在泥石流形成的三个基本条件中，地貌条件是相对稳定的，其变化是缓慢的，同时，它在泥石流活动过程中也进行着再塑造作用。从这种意义上讲，能量条件是泥石流形成的根本条件，并且在一个确定的流域内也是相对稳定的一个条件，物质条件和激发条件均是动态变化的条件。因此，只要一个流域具备了泥石流形成的能量条件，就可以认为其为潜势的泥石流流域，就成为泥石流预报的一个流域单元。对于一个潜势的泥石流流域，只要在物质条件和激发条件动态变化到可以形成泥石流时就会有泥石流发生，这也正是泥石流预报的任务。

泥石流形成的能量条件包括总能量和能量转化梯度，反映到地貌上就是相对高差和坡度，对于等面积的网格单元，二者存在显著的相关性，但是，对于不同的流域单元这种相关性就变得较弱了。然而，在泥石流流域单元中相对高差与流域面积却存在显著的相关性。在理论上，对于流域面积相等的流域，相对高差越大的流域其坡度一般也相对越大，越有利于泥石流的形成，反之亦然；对于相对高差相等的流域，流域面积越小的流域其坡度一般越大，越有利于泥石流的形成，反之亦然。因此，流域相对高差和流域面积基本控制了流域的能量条件。可以根据流域的相对高度和流域面积间的关系寻找识别潜势泥石流流域的方法。为此，我们对四川省已查明的 3177 条泥石流沟的流域面积与相对高差进行了统计分析。

分析结果（图 6-3）显示，绝大部分点有规律地集中分布，随着流域面积的增大，流域相对高度有增大的趋势，其趋势线表达式为

$$y = 805.4x^{0.2515} \tag{6-1}$$

式中，y 为流域相对高度；x 为流域面积；趋势线相关系数 $R^2 = 0.473$。

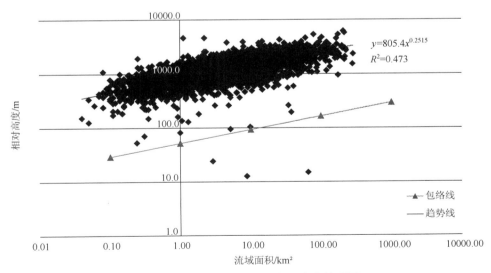

图 6-3 泥石流流域面积与相对高度关系图

根据已查明泥石流流域面积、相对高度关系图，建立一条包络线，使得尽可能多的已有泥石流流域面积、相对高度散点图位于该包络线上方，同时，减少包络线与趋势线之间的距离，根据这一思路，建立包络线表达式为

$$\ln(y) = 3.485 + 0.2515 \times \ln(x) \qquad x \in (0.1, 300) \qquad (6\text{-}2)$$

式中，y 为流域相对高度；x 为流域面积，如图 6-3 所示，进而得到基于流域面积和相对高度的潜势泥石流流域判识模型。

如果 $\ln(y) - 0.2515 \times \ln(x) - 3.485 > 0$，则该泥石流沟具备泥石流发生所需的能量条件，判定为潜势泥石流流域。其中，y 为流域相对高度，x 为流域面积，取值范围为 $x \in (0.1, 300)$。

利用这种方法判识出来的潜势泥石流流域，是指满足泥石流发生所需能量条件的泥石流流域，既包括已认识的泥石流的流域也包括尚未被认识的泥石流流域，这些流域均为泥石流预报的流域单元。

B. 泥石流潜势流域识别方法的应用和检验

a. 识别系统的开发

为了将基于地貌特征的泥石流流域判识模型应用于四川省泥石流流域判识，在 ArcGIS Desktop 平台加 Spatial Analyst 扩展模块的基础上，利用 VB 程序开发语言调用 AO（ArcObject）所提供的 GIS 功能函数进行二次开发，过程数据存储在 SQL Server 2000 数据库中。系统以泥石流沟判识为目的，在 GIS 和 COM 编程以及数据库等技术的支撑下，开发并建立基于 GIS 的泥石流判识系统，以划分的小流域、河流水系数据、数字高程模型为输入数据，输出满足泥石流沟所需地貌条件的小流域。系统判识过程中，建立小流域数据库，存储小流域的 ID、面积、主沟长度、高差等信息；建立河流水系数据库，存储河流 ID、河段起点编号、河段终点编号、与其相连的下一河段编号等信息；建立上游河段数据库，存储河段编号、上游河段编号，所在流域编号、上游河段起点编号、上游河段终点编号等。

（1）硬件环境。

泥石流沟判识程序是基于 PC 机开发的，系统在运行过程中，需要进行流域内各格网点高程信息提取与计算，河道上游的追踪与判识，涉及大量的数据存储，硬件环境对其运行效率有较大影响，其硬件环境要求，①CPU：Intel 酷睿 i3 或以上配置；②内存：不小于 1GB；③硬盘可用空间：不小于 50GB；④硬盘转速：不小于 5400rpm；

（2）软件环境。

系统开发和运行的软件环境：Windows 2000/XP/7、Microsoft Office excel 2000/2003/2007/2010、Microsoft SQL Server 2000/2005/2008、ArcGIS Desktop 9.0（SP3）/9.1/9.2/9.3+Spatial Analyst Extension。

ArcGIS 是 ESRI（economic and social research institute）推出的 GIS 平台软件，已

具有 30 多年历史，ArcGIS Desktop 是一系列整合的应用程序的总称，包括 ArcCatalog、ArcMap、ArcGlobe、ArcToolbox、ModeBuilder 等，通过协调一致地调用，可以实现任何从简单到复杂的 GIS 任务，包括制图、地利分析、数据编辑、数据管理、可视化等。Spatial Analyst Extension（ArcGIS 空间分析扩展模块）提供了功能强大的空间建模和分析工具，利用它可以创建基于栅格的数据，并对其进行查询统计、空间分析和制图等。

Microsoft SQL Server 是一个全面的数据库平台，使用集成的商业智能（BI）工具提供了企业级的数据管理，其数据库引擎为关系型数据和结构化数据提供了更安全可靠的存储功能，是您可以构建和管理用于业务的高性能的数据应用程序。

（3）系统功能。

系统功能包括流域数据获取、高差计算、泥石流流域判识、显示结果四个主要功能。

流域数据获取：其功能是从已划分的小流域、河流数据图形数据读取信息，存储到 Microsoft SQL Server 数据库对应的数据表中。

高差计算：提取各小流域范围内各数字高程模型格网点的高程信息，并计算出高差存储到对应数据库表中。追踪计算出各河段的上游河段、下游河段信息，并存入数据库中。

泥石流流域判识：利用已建立的基于地貌特征的泥石流判识模型进行泥石流沟判识，并在数据库中予以标识。

显示结果：将满足泥石流沟判识条件的小流域、河道信息高亮显示。

（4）系统工作流程。

系统的工作流程如图 6-4 所示。

b. 识别系统的应用

利用开发的泥石流潜势流域识别系统对四川省的潜势泥石流流域进行了识别，输入已经提取的四川省小流域图（集水面积阈值为 $0.9km^2$）、提取的水系图、GDEM 数据进行泥石流流域判识，合并处理后，共有 7798 个流域具备泥石流发生所需的能量条件，判识为潜势泥石流流域；78783 个集水流域不具备泥石流发生所需的能量条件，判为非泥石流流域，合并后如图 6-5 所示。从面积上看，泥石流流域总面积为 $311032.38km^2$，占全省面积的 64.18%，非泥石流流域总面积为 $173591.42km^2$，占全省面积的 35.82%。

c. 识别结果检验

由于全省泥石流沟数量较多，为了对判识出的泥石流流域是否合理进行检验，通过加入已查明的 3177 条泥石流沟，与判识结果进行叠置分析，如图 6-5 所示。通过分析表明，已查明的泥石流沟有 2933 条位于本方法判识的泥石流流域中，占 92.01%，有 254 条位于本方法判识的非泥石流流域中，占 7.99%。由此可见，本识别方法的识别率较高，可以满足区域泥石流预报的要求。

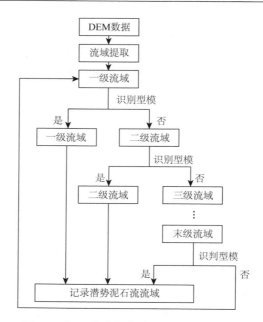

图 6-4 泥石流潜势流域识别系统工作流程

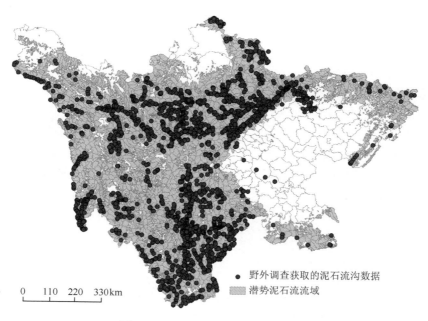

图 6-5 四川省泥石流流域判识结果

2. 点尺度与流域尺度的融合

无论是土力类泥石流还是水力类泥石流，利用力学分析方法判断坡面土体或沟床物质能否起动形成泥石流目前多局限于点尺度，最多扩展到坡或者局部沟道段的尺度。然而，在这个尺度上达到了泥石流起动的力学条件，仅能说明在这个尺度上所计算的点或坡或局部沟段具备了泥石流形成的条件，但在流域尺度上是否具备了发生泥石流的条件却无法判断，这就需要解决两种尺度融合的问题。

泥石流是由泥石流流域内失稳的土体（坡体物质或沟道物质）与地表径流混合而形成的一种水土混合体，这种水土混合体一般具有较高的容重。泥石流的容重的上限范围一般在 1100kg/m^3（泥流）至 1300kg/m^3（泥石流），下限范围一般在 1800kg/m^3（泥流）至 2300kg/m^3（泥石流）（中国科学院成都山地灾害与环境研究所，1989），在云南蒋家沟观测到的泥石流最大容重达到 2300kg/m^3（张军和熊刚，1997）。较高的容重是泥石流区别于一般洪水的最明显的特征，如果流域内仅有少量的土体失稳，与较大的地表径流混合后其容重仅会比水的容重略大，如果流域内有较多的土体失稳，与地表径流混合后其容重会显著提高。因此，如果能够计算出这种混合体的容重，那么根据水土混合体的容重大小便可以判断在流域尺度上泥石流能否形成。

在理论上，可以计算流域内的任何一点的土体稳定性，并计算出失稳土体的量，并与水文模型计算出的地表径流混合，获得较为准确的水土混合体容重，从而为泥石流预报提供判据。然而，事实上流域内失稳的土体不一定都会参与到泥石流中，哪些失稳土体参与了泥石流，哪些没有参与，均是难以准确计算的，并且失稳土体量的计算本身也存在一定的误差。因此，准确的水土混合体容重是难以获得的。

为了解决这一问题，在实际应用中可对其进行适当的简化。假设流域内所有的失稳土体均参与了泥石流，并且与流域的所有径流总量进行了混合，那么可以根据计算所得的失稳土体体积总量（W_s）和水文模型模拟的地表径流体积总量（W_w）计算水土混合体的容重（ρ）。

$$\rho = \frac{\rho_w W_w + \rho_s W}{W_w + W_s} \qquad (6\text{-}3)$$

式中，ρ_w 为水的容重；ρ_s 为土体的容重。

显然，这个容重不是水土混合体的真实容重，但它却反映了在一个流域内形成泥石流的一种趋势，即计算所得的水土混合体的容重越高，在某一流域形成泥石流的可能性就越大，反之在某一流域形成泥石流的可能性就越小。据此，可以评估在某降水作用下一个流域内形成泥石流的概率范围，从而确定预警的等级。对于一个确定的流域，且这个流域具有丰富的观测资料，可以根据观测资料率定对应不同预警等级的水土混合体容重的变化范围。但是，对于区域泥石流预报，无法根据观测资料来率定各预警等级的水土混合体容重的变化范围。根据康志成等（2004）的研究，自然界中泥石流的容重的变化区间为 $1.1\sim2.3\text{t/m}^3$。如果将这一区间划分成为一系列的参考区间（表 6-1），那么泥石流发生概率从一级至五级逐级增加，同时根据变化区间定义出泥石流的预警等级。可以认为水土混合体的容重小于 1.2t/m^3 时，泥石流发生的概率很好，无需预警，当水土混合体容重逐步增加时，可以分别发出蓝色预警、黄色预警、橙色预警和红色预警。

表 6-1　泥石流形成的概率与其对应的水土混合物容重

标准泥石流容重/(t/m³)	$\rho<1.2$	$\rho=1.2\sim1.5$	$\rho=1.5\sim1.8$	$\rho=1.8\sim2.0$	$\rho=2.0\sim2.3$
泥石流形成概率/%	0~20	20~40	40~60	60~80	80~100
预警等级	一级	二级	三级	四级	五级
预警颜色	无	蓝色	黄色	橙色	红色

当然，这个预警区间的划分并没有理论基础，也缺少统计依据，仅是根据自然界中的泥石流容重变化范围给出的近乎等区间的划分方法，有待进行进一步的研究。

需要说明的是，我们利用水土混合体的容重对泥石流起动力学分析的点尺度与泥石流形成的流域尺度间的融合进行了初步的探索，试图将力学分析的不稳定的土体与流域的径流进行融合，利用水土混合体的容重变化来评估泥石流形成的可能性，从而进行泥石流预报，这仅是一种初步的尝试，是否突破了这一瓶颈？是否有效？均需要实践的检验。

第二节　泥石流机理预报方法

根据本章第一节中介绍的基于泥石流形成机理的泥石流预报途径，我们提出了一种基于流域水土融合机制的泥石流预报方法。该方法以降水入渗作用下坡面土体稳定性变化和泥石流流域尺度上的水土融合为基础，建立了降水与流域下垫面的本质联系；通过利用水文过程模拟实时提取获取预报模型计算所需的关键水文参数，进而实现了基于流域水土融合机制的泥石流预报方法。该方法以泥石流流域为基本预报单元，依据泥石流作为水土混合物的这一特性，通过实时计算流域内的失稳土体与地表径流的融合后形成的水土混合物的容重，评估流域尺度上发生泥石流概率的大小，较为真实地反映了流域尺度上的泥石流形成过程。该预报方法主要分为泥石流预报单元的确定、预报降水下的水文过程模拟、预报降水作用下土体失稳量计算、地表径流量的计算、水土混合体容重的计算、泥石流发生概率评估与预警等级确定六个步骤。

一、泥石流预报单元的确定

因网格单元不属于一个完整的流域或坡面，一般会将一个完整的流域或坡分割到多个单元中，也会将多个完整的流域或坡归并到一个单元中，因此，网格单元无法支撑基于形成机理的泥石流预报的需求。基于形成机理的泥石流预报要求预报单元为一个完整的流域，因此，这里的预报单元应当是具备发生泥石流基本条件的潜势泥石流流域。潜势泥石流流域不仅包含了有历史泥石流事件记录的流域，也包含无历史泥石流事件记录但具备发生泥石流基本条件的流域。对于潜势泥石流流域的确定方法，本章第一节中已有较为详细的叙述，这里不再赘述。

二、预报降水下的水文过程模拟

泥石流是降水作用于下垫面后经过地表入渗和地表径流的双重作用下形成的，在第一阶段，当降水经过植被截留、入渗和蒸散发等一系列的水文过程后，土体的力学性质（例如黏结力、内摩擦角和孔隙水压力）随着降水入渗会发生改变，进而会导致坡面土体产生剪切破坏和失稳，同时在地表径流作用下，沟床物质的稳定性也会发生一定的变换，甚至失稳起动；在第二阶段失稳的土体与地表径流融合形成水土混合体——泥石流。因此，降水作用下的水文过程贯穿了泥石流形成的全过程，但仅靠水文过程的观测无法满足泥石流预报的需求，需要通过水文过程模拟为泥石流预报提供土体含水量、孔隙水压力和径流等相关水文参数支持。

国内外对水文模型的研究较多，均建立了大量的水文模型，各水文模型各具特点，也具有相应的适用范围。这里我们选择了分布式水文模型（geomorphology-based hydrological model，GBHM）（Yang et al.，1997），因为 GBHM 水文模型已成功地应用于长江流域的径流模拟，同时该模型模拟土体含水量的可靠性也在该区域得到了验证，而长江流域也正是我国泥石流易发和多发区。该模型利用面积方程和宽度方程将流域产汇流过程概化为"山坡-沟道"系统，可以反映流域下垫面条件和降水输入的空间变化，流域水文响应过程的最小单元是山坡，山坡单元在垂直方向上划分为三层：植被层、非饱和层和浅水层。在植被层，考虑降水截留和截留蒸发；非饱和层在本书中被划分成了 7 层，每层土体的厚度分别为 0.05m、0.1m、0.15m、0.2m、0.3m、0.5m、0.7m，共 2m 的土层厚度。流域内主要的水文过程的数学物理描述如下。

1. 非饱和层的水分运动方程

采用一维 Richards 方程描述非饱和层铅直方向的土壤水分运动：

$$\frac{\partial \theta(z,t)}{\partial t} = \frac{\partial}{\partial z}\left[k(\theta,z) + k(\theta,z)\frac{\partial \psi(\theta,z)}{\partial z} \right] \tag{6-4}$$

令，$q_{\mathrm{v}}(\theta,z) = k(\theta,z)\dfrac{\partial \psi(\theta,z)}{\partial z} + k(\theta,z)$，式（6-4）可变为

$$\frac{\partial \theta(z,t)}{\partial t} = \frac{\partial}{\partial z}\left[k(\theta,z) + q_{\mathrm{v}}(\theta,z)\frac{\partial \theta}{\partial z} \right] \tag{6-5}$$

式中，$k(\theta,z)$ 为非饱和土的导水率，具体的表达方式如下：

$$k(\theta,z) = k_0 \exp(-fz) S_{\mathrm{e}}^{1/2}\left[1-(1-S_{\mathrm{e}}^{1/m})^m \right]^2 \tag{6-6}$$

$$S_{\mathrm{e}} = \frac{\theta_{\Delta t} - \theta_{\mathrm{r}}}{\theta_{\mathrm{sat}} - \theta_{\mathrm{r}}} \tag{6-7}$$

式中，θ 为土体含水量；$q_{\mathrm{v}}(\theta,z)$ 为土壤水通量；k_0 为表层土的饱和导水率；θ_{r} 和 θ_{sat} 分别为土体的残余含水量和饱和含水量；$\psi(\theta,z)$ 为基质吸力，是土体含水量的函数，两者之间的关系可用 Van Genuchten 模型表述：

$$S_{\mathrm{e}} = \left[\frac{1}{1+(\alpha \times \psi)^n} \right]^m \tag{6-8}$$

采用向前差分格式求解式（6-5），计算的时间步长设置为 1h。

表层土的边界条件主要取决于降水强度（R）：在 Δt 时刻，如果降水强度小于表层土的饱和渗透率，经植被截留后的降水便会全部渗入土体内，而不会产生任何的地表径流；反之，当表层土饱和后，地表便开始积水。边界条件如下：

$$\begin{cases} k\dfrac{\partial z}{\partial n}\big|_{\Gamma} = R, \ \theta(0,\mathrm{t}) < \theta_{\mathrm{sat}} \\ h = h_0, \theta(0,\mathrm{t}) = \theta_{\mathrm{sat}} \end{cases} \tag{6-9}$$

式中，n 为边界 Γ 的法向方向；h_0 为地表的积水深度。

2. 坡面汇流

当地表积水超过坡面的洼地的蓄水能力后，便开始产生地表径流，在较短的时间间隔内，坡面流可假定为恒定流，采用曼宁公式进行计算。

$$q_{\mathrm{s}} = \frac{1}{n} S_0^{1/2} h^{5/3} \tag{6-10}$$

式中，q_{s} 为坡面的单宽流量；h 为扣除洼地蓄水后的净水深；S_0 为坡度；n 为曼宁粗糙系数。

曼宁粗糙系数 n 与土地利用相关，是估计地表径流的重要参数，该参数的取值可以参考土地利用类型与曼宁系数之间的关系，见表 6-2。

表 6-2　不同土地利用对应的曼宁粗糙系数

土地利用类型	曼宁粗糙系数（n）
林地	0.4
裸地	0.2
城市用地	0.15
水体	0.02
农田	0.2
草地	0.3
灌丛	0.3

3. 预报模型的输入数据

泥石流预报模型所需的基础数据主要包括：气象数据、土地利用类型、土壤类型、数字高程模型（DEM）和植被指数等，一般通过相关部门获取。例如，气象数据和土地利用类型分别由气象局和国土资源部获取；模型涉及的参数主要包括：地表参数、土壤水分参数及河道参数等。这些参数都具有明确的物理意义，需要通过试验获取，但在实际应用过程中，受条件所限，不可能全部得到，在没有实测数据的条件下，一般要对参数进行率定。

实际上，为了防止物理水文模型参数的"过参数化"，模型的大多数参数均来自于已有的数据库，仅有少数几个参数需要率定，如融雪系数和给水度。

在进行水文过程模拟时，需要首先设定区域内的土体含水量初始值。然而，受到降水入渗、蒸散发作用的影响，任意时刻的土体含水量初始值是无法直接判定的。在中国，冬季一般是少雨季节，土壤表层较为干燥，接近土体的残余含水量。鉴于此，本书的计算时间从预报当年的 1 月 1 日起，区域内的表层土体含水量设置为与土地类型相对应的残余含水量值。利用气象局提供的实测气象数据，从 1 月 1 日起至泥石流预报的时刻止，通过水文模型计算，为泥石流预报提供较为准确的土体含水量初值。

在确定了泥石流预报前一时刻的土体含水量初始值后，以气象局提供的多普勒雷达预报降水为输入，通过水文模型的数值计算，可以为计算各潜势泥石流流域内失稳土体总量 v_s 和径流总量 v_w 实时提供流域内的关键水文参数的值。

三、预报降水作用下土体失稳量计算

降水作用下流域的土体失稳有两种形式，一种是坡面的土体失稳，另一种是沟床物质失稳，这里重点介绍坡面土体失稳量的计算。

1. 坡面土体的稳定性计算

降水入渗是影响坡面土体稳定性，最终导致浅层滑坡的关键触发因素，浅层滑坡的深度一般深 0.5~2.0m。流域内的坡面土体在雨水入渗之前，多处于非饱和状态，降水入渗使得土体含水量的增加，进而造成土体的基质吸力降低，是导致坡面土体失稳的主要诱因。本书基于无限边坡模型，利用安全系数（F_s）评价坡面土体在降水入渗作用下的稳定性，浅层失稳面由摩尔-库仑破坏准则控制，且平行于坡面，如图 6-6 所示。

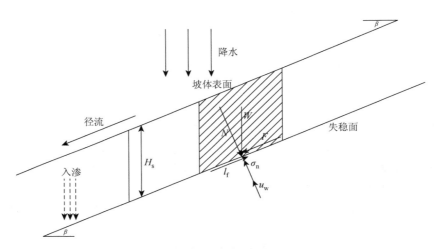

图 6-6　由降水引发的坡面失稳分析图

由 Fredlund 和 Rahardjo（1993）、Fredlund 等（1995）提出的非饱和土抗剪强度公式如下：

$$\tau_f = c + (\sigma_n - u_a)\tan\varphi + (u_a - u_w)\tan\varphi^b \tag{6-11}$$

所以，基于式（6-11），极限平衡公式可以表述如下：

$$F_s = \frac{c + (\sigma_n - u_a)\tan\varphi + \psi\tan\varphi^b}{F} \tag{6-12}$$

此处，定义剪切面处的剪切力等于重力沿平行于坡体向下的分力：

$$F = W\sin\beta = \gamma_t H_s \cos\beta\sin\beta \tag{6-13}$$

定义剪切面处的法向应力为重力垂直于坡体的分力：

$$\sigma_n = W\cos\beta = \gamma_t H_s \cos^2\beta \tag{6-14}$$

即

$$F_s = \frac{\tan\varphi}{\tan\beta} + \frac{c + \psi\tan(\eta\varphi)}{\gamma_t H_s \cos\beta\sin\beta} \qquad (6-15)$$

式中，c 为土体的黏结力；φ 为土体的内摩擦角；u_a 为大气压，$u_a=0$；φ^b 与基质吸力相关，当基质吸力较低时，该值与内摩擦角 φ 接近，本书取 $\eta=1$；H_s 为土层厚度；$\psi=(u_a-u_w)$ 为基质吸力，是土体含水量的函数，由 Van Genuchten（1980）模型描述：

$$S_e = \left[\frac{1}{1+(\alpha\times\psi)^n}\right]^m \qquad (6-16)$$

$$S_e = \frac{\theta-\theta_r}{\theta_s-\theta_r} \qquad (6-17)$$

式中，S_e 为饱和度；θ_s 和 θ_r 分别为土体的饱和含水量和残余含水量；θ 为当前时刻的土体含水量；n 和 m 为曲线形状参数，且 $n=1-1/m$。

2. 失稳土体总量的实时评估

流域内离散网格单元的非饱和土层划分为 7 层，利用极限平衡方程式（6-13）试算每层土的安全系数，通过计算流域内每个网格的失稳深度，实时评估土体失稳总量 v_s。

由非饱和土的极限平衡公式可知，F_s 主要是由基质吸力和土体黏结力控制，而土体含水量的增加会导致基质吸力的降低，当 $F_s<1$ 时，网格单元失稳。所以，土体失稳总量的实时评估，主要在于流域内的土体含水量和基质吸力的实时计算。在此，以分布式水文模型 GMHM 获取的土体含水量和基质吸力为动态输入量，确定流域范围内的每个网格的每层土的安全系数 F_s，进而通过式（6-18）实时评估流域的土体失稳总量 W_s。

$$W_s = \sum_{t=1}^{24}\sum_{i=1}^{N_{ins}} A_i \times D_{ins} \qquad (6-18)$$

式中，W_s 为 t 时刻的土体失稳总量；D_{ins} 为网格的失稳深度；A_i 为网格的面积；N_{ins} 为 t 时刻的失稳网格总量。

四、地表径流量的计算

分布式水文模型 GBHM 基于超渗产流机制，利用曼宁公式描述坡面流，实时计算降水作用下的每个网格产生的径流深度 D_r，由式（6-19）累加后可获取 t 时刻时，降水形成的径流总量 W_w。

$$W_w = \sum_{t=1}^{24}\sum_{i=1}^{N} A_i \times D_r \qquad (6-19)$$

式中，W_w 为 t 时刻的径流总量；D_r 为网格的径流深度；A_i 为网格的面积；N 为流流域内的总的网格数。

五、水土混合体容重的计算

以水文模型计算为支撑，计算出预报降水作用下流域内的失稳土体总量和流域地表径流总量，据此就可以计算水土混合体的容重了。事实上，难以确定哪些失稳的土体参与了泥石流，形成水土混合体，为此，我们假设全部的失稳土体与全部的地表径流进行了融合，在此假设条件下计算水土混合体的容重。具体的计算方法在本章第一节已介绍，这里不再赘述。

六、泥石流发生概率评估与预警等级确定

降水作用下形成的水土混合体容重是判断泥石流能否形成的关键，但是这个水土混合体的容重不是一个真实的值，而是在一定的假设条件下计算获得的。因此，利用该参数不能直接判断泥石流是否已经形成，只能根据该参数值的大小评估泥石流发生概率的大小，从而确定泥石流发生的预警等级，对每个泥石流预报单元作出预报。具体的评估和确定方法在本章第一节中已有介绍，这里亦不再赘述。

第三节　泥石流预报方法的流域试验

为了验证该泥石流预报方法的准确率，选取位于云南省昆明市东川区的蒋家沟（图 6-7）为研究区。蒋家沟是小江流域的一条重要支流，主沟长约 12.1km，流域面积为 47.1km²，根据本章第一节的泥石流潜势流域识别方法，判定该流域属于潜势泥石流流域，可以作为一个泥石流预报单元进行试验。中国科学院东川泥石流观测研究站设在该流域，根据该站的观测资料（康志成等，2006，2007），蒋家沟平均每年会发生 15 次左右泥石流，属于高频泥石流沟，加之完整的野外观测资料，为泥石流预报方法的试验提供了良好的条件。

但由于近年来蒋家沟流域降水变化原因，泥石流活动强度有所降低，大部分泥石流难以到达入小江的汇口，运动到中国科学院东川泥石流观测研究站主观测断面附近便堆积停止。为了保证试验的合理性，在进行试验时我们去掉东川站主观测断面以下的汇水区域。通过识别确认，剩余流域仍属于潜势泥石流流域，可以作为泥石流预报单元进行试验。

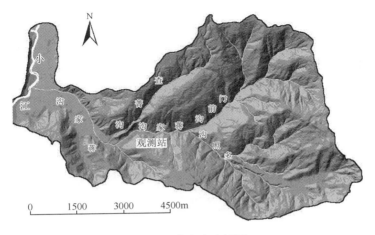

图 6-7　蒋家沟流域图

一、数据准备

　　蒋家沟的 DEM 由 1：10000 地形图生成，网格精度为 30m（图 6-8）；土壤类型及每种土壤的水力学参数由国家土壤数据库获取，分辨率为 1000m，重采样为 30m，植被指数来源于 MODIS，分辨率为 250m，重采样为 30m；为了检验本书提出的泥石流预报方法，利用东川站及附近地区的国家气象台站的实测数据代替雷达降水数据，通过空间差值生成 30m 网格的数据。

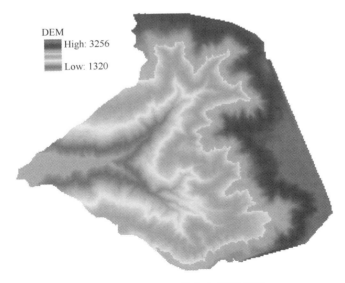

图 6-8　蒋家沟的数字高程模型图

流域土地利用类型图为 2000 年的数据，分辨率为 30m，如图 6-9 所示。每种土地利用的相关参数由 FAO（http：//www.fao.org/geonetwork/srv/en/main.home）获取，如叶面指数（LAI）、植物的蒸发系数等。

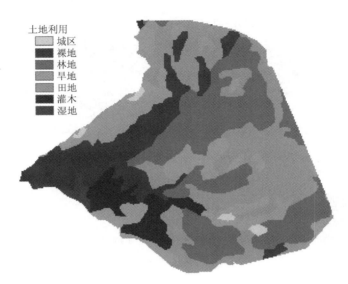

图 6-9 蒋家沟内的土地利用分布图

研究区内土体的黏结力和内摩擦角通过室内的直剪试验获取，试验所用的砾石土样取自蒋家沟流域，由拟合得出试验黏结力与内摩擦角随含水量变化的关系（图 6-10）可知，黏结力受土体含水量的影响较大，存在明显的拐点。

$$c = 0.0063 \times \theta^3 - 0.46 \times \theta^2 + 10 \times \theta - 44 \qquad (6\text{-}20)$$

$$\varphi = -0.36 \times \theta + 41 \qquad (6\text{-}21)$$

式中，θ 为土体的质量含水量；c 和 φ 分别为土体的黏结力和内摩擦角。利用式（6-20）和式（6-21）可以求得流域内与 t 时刻的土体含水量相对应的土体黏结力和内摩擦角。

二、试验结果

利用 ArcGIS 和 Fortran 6.6 处理数据并运行泥石流预报模型程序。在该模型中，研究区被离散成 65327 个 30m×30m 的网格单元，每个栅格的稳定性由式（6-15）控制。利用 2006 年期间观测到的 4 场泥石流事件（表 6-3）检验本书提出的泥石流预报模型，发生时间分别为 2006 年为 7 月 5 日、7 月 6 日、8月 15 日和 8 月 20 日。

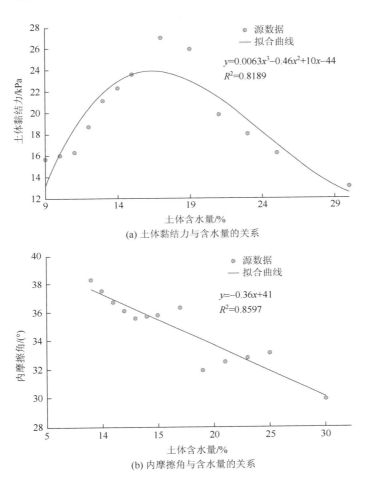

(a) 土体黏结力与含水量的关系

(b) 内摩擦角与含水量的关系

图 6-10　土体黏结力、内摩擦角的拟合曲线图

表 6-3　2006 年泥石流观测数据

泥石流编号	开始时间	结束时间
2601	2006 年 7 月 5 日 02：33	2006 年 7 月 5 日 07：30
2602	2006 年 7 月 6 日 03：55	2006 年 7 月 6 日 08：30
2603	2006 年 8 月 15 日 21：59	2006 年 8 月 15 日 23：59
2604	2006 年 8 月 20 日 23：45	2006 年 8 月 21 日 00：00

图 6-11 为 4 次泥石流事件中降水造成的土体失稳总量、径流总量及两者融合

后的混合物容重 ρ 动态变化过程图。以 2006 年 7 月 6 日为例，该天的泥石流预警信息应在凌晨 2 点多发出五级红色预警信息，该信息持续至上午 6 点多，与实际的泥石流观测资料相近。

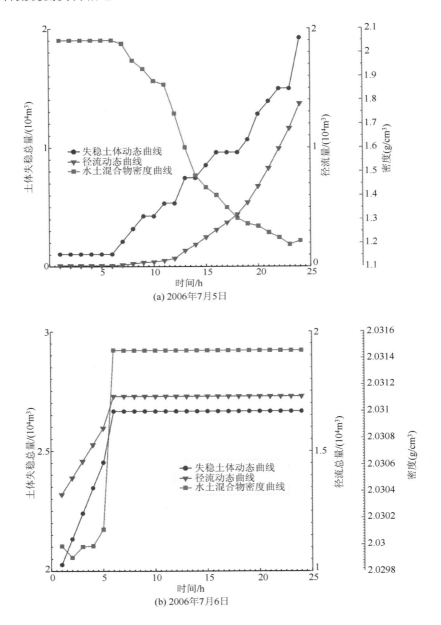

(a) 2006年7月5日

(b) 2006年7月6日

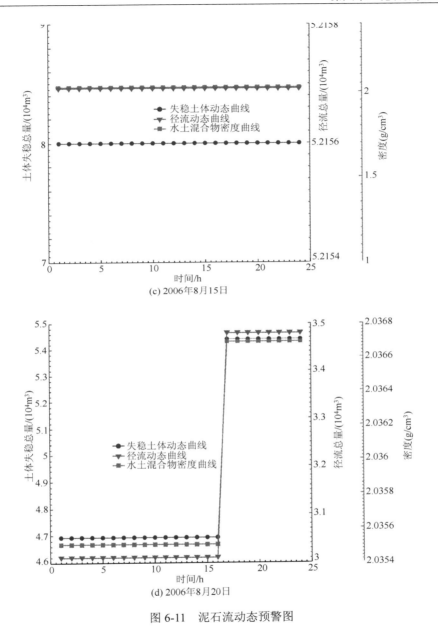

图 6-11　泥石流动态预警图

　　表 6-4 列出了试验结果，与实际的泥石流事件相比：模型在 2006 年 7 月 5 日的预报结果偏低，仅发出二级蓝色预警信息；而 7 月 6 日、8 月 25 日和 8 月 20 日的预警信息均为五级红色预警信息，与实际的泥石流事件相吻合，基于流域水土耦合的泥石流预报结果与实际的泥石流事件基本一致，模型的可行性得到了验证。

表 6-4   泥石流预警结果

时间	7月5日	7月6日	8月15日	8月20日
耦合后的密度 ρ/（g/cm³）	1.30	2.02	2.03	2.04
模型的预警信息	二级	五级	五级	五级
模型的预警颜色	蓝色	红色	红色	红色

第四节   泥石流预报方法的区域试验

本泥石流预报方法以小流域为基本预报单元，其在蒋家沟这个试验流域的试验已显示了泥石流预报的能力，通过了流域单元试验验证。为了进一步验证该预报方法的预报准确度，还需将其扩展到较大的试验区进行验证，验证其在包含多个潜势泥石流流域（预报单元）的较大区域的有效性。

2008 年汶川地震触发了大量的滑坡和崩塌，改变了区域的物源条件，形成大量的松散物质，增加了区域的泥石流活跃性。从汶川地震震后几个雨季的泥石流发生情况来看，震后的泥石流活动呈现数量增多、规模增大、频度增加、临界雨量降低且多为年性泥石流等特点，仅 2010 年 7~9 月，就爆发了舟曲特大泥石流、清平乡特大群发性泥石流、都江堰市龙池镇龙西河流域群发性泥石流等灾害事件，给当地居民造成了严重的生命和财产损失。为此，我们选择了位于四川省境内的汶川地震灾区为研究区，在区域尺度上对该预报方法进行试验测试。

一、汶川地震灾区内潜势泥石流的分布

以汶川地震灾区（四川省境内）1：5 万 DEM 为基础，利用 ArcGIS 中的水文分析工具对其进行水文分析，并提取划分流域。利用本章第一节中介绍的潜势泥石流流域识别方法对区域内具备发生泥石流能量条件的潜势泥石流流域进行识别提取。提取结果显示，境内共有 669 条潜势泥石流流域（图 6-12）。

二、试验结果

以汶川地震灾区内每条提取出来的潜势泥石流流域为基本预报单元，利用四川省气象台提供的多普勒天气雷达外推 3h 降水产品为预报降水输入数据，对汶川地震灾区 2012 年 8 月 17 日的降水过程引发的泥石流进行泥石流预报试验。图 6-13 显示了 2012 年 8 月 13 日 4 点、10 点、16 点和 19 点的预报结果。四川省国土资源厅统计的 2012 年 8 月 17 日重灾区内泥石流灾害点没有相应的坐标信息，只是提供了泥石流灾害发生的地点名称。本书借助 Google Earth 查找到了泥石流灾害

所在的村庄。因此，图中的泥石流灾害位置均代表灾害点所在村庄的位置。

图 6-12　汶川地震灾区内潜势泥石流流域分布

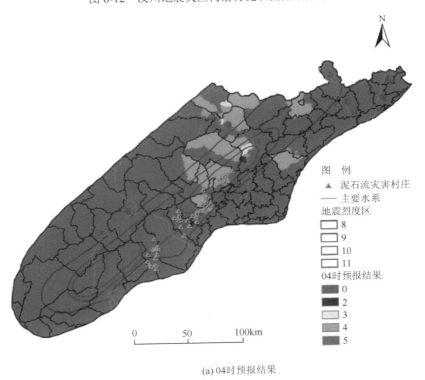

(a) 04 时预报结果

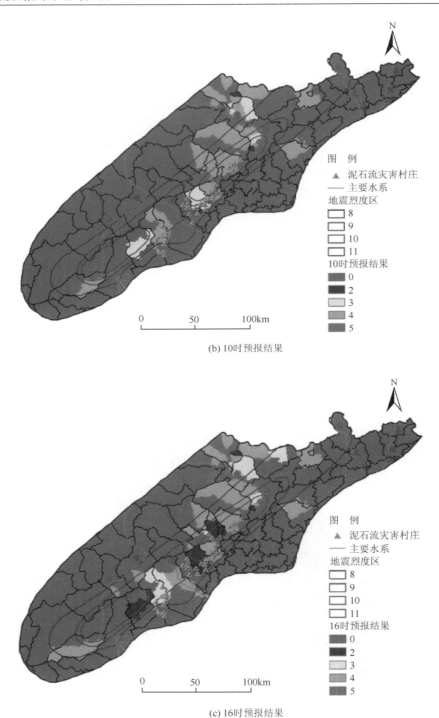

(b) 10时预报结果

(c) 16时预报结果

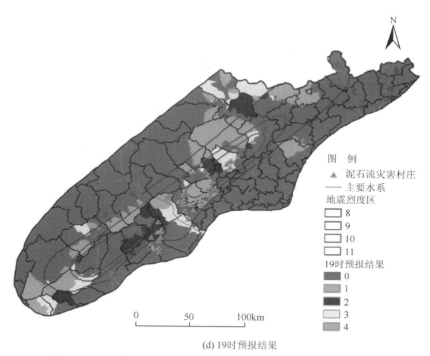

图 例
▲ 泥石流灾害村庄
—— 主要水系
地震烈度区
☐ 8
☐ 9
☐ 10
☐ 11
19时预报结果
☐ 0
☐ 1
☐ 2
☐ 3
☐ 4

0   50   100km

(d) 19时预报结果

图 6-13   2010 年 8 月 13 日汶川县泥石流预报信息（后附彩图）

根据四川省国土资源厅统计的 2012 年 8 月 17 日重灾区内泥石流灾害事件资料，重灾区共有 155 条泥石流流域发生了泥石流灾害。系统预报共有 161 条泥石流流域发生了泥石流灾害，预报成功的泥石流流域共有 127 条。利用表 6-5 分析预报精度，分析结果表明系统在这次泥石流灾害事件中的漏报率为 18%，误报率为 21%。漏报的泥石流流域共有 28 条，其中有 3 条泥石流流域未被划入潜势泥石流流域，5 条泥石流流域的 24h 多普勒雷达预报降水累计总量小于 10mm。去掉这 8 条非系统预报模型原因造成漏报的泥石流流域，由系统预报模型原因导致的漏报率仅有 13%。另外，还有 7 条漏报泥石流流域处于预警边缘附近，29 条误报流域在 2012 年 8 月 18 日也陆续开始发生了泥石流灾害，尤其是汶川县、绵竹市、都江堰市和彭州市的大部分地区。

表 6-5   泥石流预报结果分析表

预报可能发生泥石流的流域数	161
实际发生泥石流的流域数	155
预报实际发生泥石流流域数	127
漏报泥石流流域数	28
误报泥石流流域数	34
漏报率/%	18
误报率/%	21

第五节　泥石流预报方法在四川省的应用

四川省位于中国西南部，境内泥石流分布广泛，主要集中在四川盆地的盆周山地和青藏高原东缘山地，是中国泥石流灾害最严重的区域之一。特别是 2008 年汶川地震后，强震区域泥石流活动性显著增强，给当地社会经济和生命财产带来了巨大的损失。为此，我们将该泥石流预报方法研发了四川省泥石流预报应用系统，在四川省气象台进行了业务运行。这里将该系统的研发和应用情况作以介绍。

一、系统研发

基于流域水土耦合机制的泥石流预报方法在数据准备和处理、力学模型计算、水文模型计算等方面的计算机实现上均具有较大难度。所以系统的运算效率和响应速度决定了整个预报系统的实用性。为此，本书采用 Fortran 与 C#混合编程的方法解决预报系统所面临的繁琐运算式和海量数据密集型计算效率低下的问题：将 Fortran 程序编译成可执行文件（.exe 文件）供用户系统调用，Fortran 与 C#之间通过 txt 文本文件进行参数传递。整个系统使用多线程并行编程思想进行构建，充分利用当今多核时代计算机的超强 CPU 处理能力，大大提高了计算效率。此外，为了使系统更具普适性，在系统内部嵌入了技术人员常用的 GIS 功能模块，如地图漫游、缩放、视图打印、输出等。系统的主界面如图 6-14 所示，主要包括功能区、图层管理区、地图浏览区、视图打印区、状态栏五个部分。

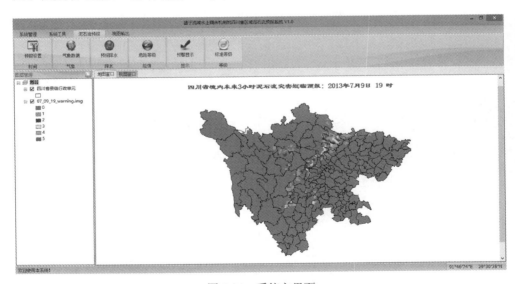

图 6-14　系统主界面

（一）系统体系结构

系统的体系结构主要划分为数据输入、数据预处理、数据计算和预报结果四个部分，各部分之间通过用户操作界面进行交互。系统体系结构如图 6-15 所示。

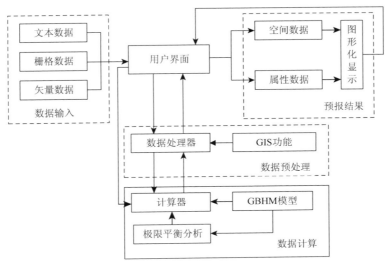

图 6-15　系统体系结构

数据输入部分，用户可以通过图形界面输入系统运行所需的输入数据：①文本数据，如通过国家气象台站实测的降雨数据、温度、湿度、风速等，以及多普勒雷达提供的预报降水数据等；②栅格数据，如预报区域的数字高程模型 DEM、土地利用、土壤类型、土壤厚度和植被指数等；③矢量数据，如预报区域边界多边形数据。数据预处理部分主要包括基于 GIS 功能的数据处理器，数据处理器对系统中所应用的 GIS 数据处理功能进行了集成与扩展，可以根据需要进行投影坐标变换、气象数据和预报降水数据处理、空间分析、栅格数据重采样、水文分析和数据格式转换等操作。

数据计算部分主要包括基于水文过程计算、力学计算及水土耦合方程的计算器。计算器是系统的核心部分，主要是运用分布式水文模型 GBHM 和极限平衡分析法评估流域内每个网格单元的坡面土体失稳情况，并计算每个网格单元的土体失稳量和径流量；式（6-18）和式（6-19）分别计算流域内的土体失稳总量和径流总量；式（6-3）计算流域内水土耦合后的混合物的容重值判断泥石流发生概率等级。预报结果部分主要是利用 GIS 技术将得到的空间数据、属性数据进行整理保存，并以图形形式直观逼真的显示在用户界面上。

（二）系统功能模块设计

基于流域水土耦合的泥石流预报系统主要由系统管理模块、系统工具模块、泥石流预报模块、视图输出模块和图层右键模块五大模块组成。系统功能模块图如图 6-16 所示。

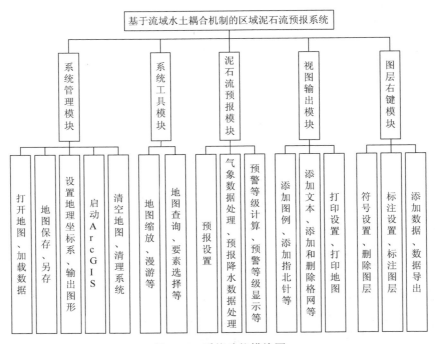

图 6-16　系统功能模块图

1. 系统管理模块

为用户提供了地理数据管理和系统基本管理功能。如地理数据管理功能包括打开地图、加载数据、地图保存、输出图形和清空地图等；系统基本管理功能包括设置地图坐标系、清理系统和关闭系统，以及通过系统直接启动 ArcMap，把系统的地图数据全部加载到 ArcMap 中同步显示与操作，实现了与 ArcGIS 的无缝集成，提高了工作效率。

2. 系统工具模块

该模块对 GIS 软件中常用的地图操作功能进行了集成与扩展，如地图缩放、漫游、地图查询和要素选择等，使系统更具普适性。

3. 泥石流预报模块

泥石流预报模块是系统的核心模块，包括预报设置、气象数据处理、预报降水数据处理、预警等级计算、预警等级显示和标准预警等级六个子模块。根据预报设置选择的预报方式、预报时效和预报时间，对相应的气象数据和预报降水数据进行处理，并调用 Fortran 语言编写的外部程序计算泥石流预警概率等级，最后利用 GIS 技术将预警等级结果以图形的方式形象逼真的展示在用户界面上。

4. 视图输出模块

该模块为用户打印输出地图提供了添加图例、添加指北针、添加比例尺、添加比例尺文字、添加文本、添加和删除格网以及打印设置等功能，丰富地图的信息，使其更具可读性。

5. 图层右键模块

用户通过该模块可十分便捷地对地图坐标系进行转换和编辑、删除图层、设置图层的符号和标注以及图层数据导出等操作。

（三）系统工作流程

系统主要功能是根据流域内水土混合后的容重值进行泥石流预报，然后运用 GIS 技术分析和处理预报结果，并以图形形式直观逼真的显示在系统界面上。系统需要用户预先提供关于泥石流预报区域的地图数据、气象数据和预报降水数据，然后在此基础上进行数据预处理、水文计算、极限平衡分析和水土混合物容重计算。用户首先通过系统主界面输入预报参数（预报方式：短临预报、短期预报；预报时效：未来 3h、未来 6h、未来 24h、未来 48h；预报时间），如果用户没有输入则使用系统默认的预报参数（预报方式：短临预报；预报时效：未来 3h；预报时间：计算机当前时间）。然后根据预报参数分析、处理气象数据和预报降水数据。结合输入的基础数据（地形地貌数据、土地利用、土壤类型和植被指数等），运用分布式水文模型 GBHM 计算出流域内每个网格单元的土体含水量和径流量，并利用极限平衡分析法评估网格单元的土体稳定性，若无土体失稳，则继续评估下一个网格单元；否则，计算出网格单元土体失稳量。之后将流域内所有网格单元的土体失稳量和径流量分别累加起来得到流域内的土体失稳总量和径流总量。最后，计算出流域内水土充分耦合后的混合物容重值，根据容重值所落的区间判断泥石流发生的概率等级，生成泥石流预警等级数据，并运用 GIS 技术将预警等级结果展示在用户界面上。

系统调用 Fortran 外部程序进行土体稳定性分析、单元土体失稳量、单元径流量、流域土体失稳总量和流域径流总量等一系列复杂计算，外部程序被编译成可执行文件的形式，以方便系统调用，两者之间通过 txt 文本文件传递参数。这种混合编程的方式，有效地综合了两者的优点，大大提高了系统的实用性。该预报系统的工作流程如图 6-17 所示。

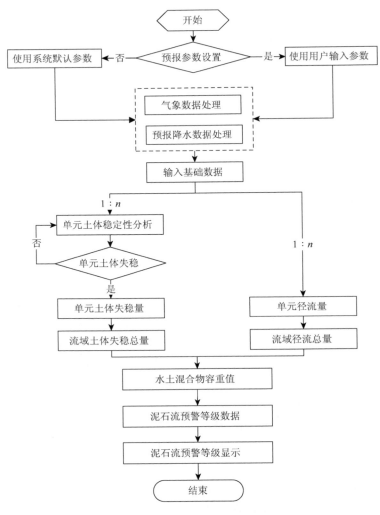

图 6-17　系统工作流程图

二、系统应用准备

（一）四川省内泥石流流域判识

利用 ArcGIS 中的水文分析工具分析提取研究区内的小流域。利用判识式

（6-2）对划分好的小流域进行泥石流流域判识：在该区域内共有 7796 个具备泥石流发生所需的能量条件，判识为潜势泥石流流域（图 6-5）。判识结果与已查明的3198 条泥石流沟对比结果表明：已查明的泥石流沟有 98.2%位于判识区域内，漏判掉的点大多处于四川盆地内。

（二）数据准备

1. GBHM 计算所需数据

利用 ArcGIS 建立四川省 250m×250m 的 DEM（图 6-18），研究区随即被离散成为一系列的网格，区域内的网格与图 6-5 中的潜势泥石流流域相匹配，获取每个小流域内包含的网格单元的信息。

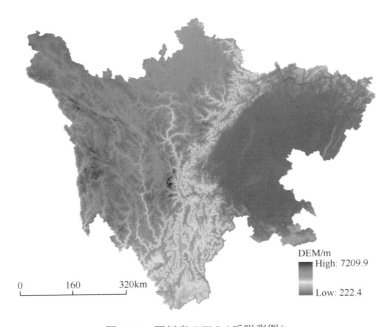

图 6-18　四川省 DEM（后附彩图）

研究区内的土地利用（图 6-19）、土壤类型（图 6-20）和土层厚度数据 FAO（http://www.fao.org/geonetwork/srv/en/main.home）数据库获取，同样需要利用重采样技术获取相应的网格数据。区域内的土层厚度有 1m、2m、4m 和 5m，其中，1m 和 4m 为主要的土层厚度，详见表 6-6。预报区内共有 25 种土壤类型，各类型土壤水文力学参数见表 6-7。

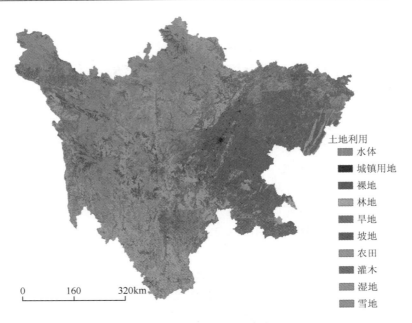

图 6-19　四川省土地利用图

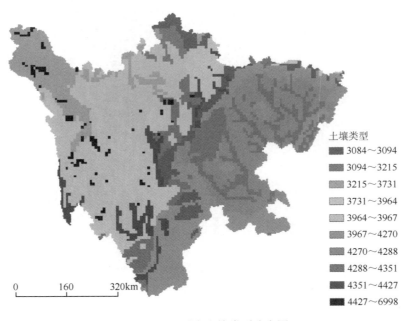

图 6-20　四川省土壤类型分布图

表 6-6 区域内的土层厚度信息

深度/m	占区域面积比重/%	每层土体厚度/m						
		1	2	3	4	5	6	7
1	51.5	0.025	0.05	0.75	0.1	0.15	0.25	0.35
2	1.67	0.05	0.1	0.15	0.2	0.3	0.5	0.7
4	45.7	0.1	0.2	0.3	0.4	0.6	1.0	1.4
5	1.13	0.125	0.25	0.375	0.5	0.75	1.25	1.75

表 6-7 四川省区域土壤参数

土壤类型	饱和湿度	残留水分	曲线参数		饱和导水率/（mm/h）
			$alpha$	n	
3084	0.47955	0.07653	0.01929	1.40269	8.933500
3085	0.48278	0.07768	0.01896	1.40474	22.78608
3090	0.47195	0.07331	0.01820	1.41992	22.64046
3094	0.49576	0.07666	0.01782	1.44154	28.78421
3215	0.47926	0.09559	0.01731	1.26876	6.735130
3723	0.49477	0.07638	0.02203	1.37729	30.41866
3724	0.49477	0.07638	0.02203	1.37729	30.41866
3731	0.47048	0.07334	0.01742	1.44006	22.51917
3963	0.47303	0.07347	0.01796	1.42367	22.46508
3964	0.47436	0.07434	0.01806	1.41944	22.63671
3967	0.52726	0.08259	0.01867	1.41453	35.97075
4257	0.46766	0.07521	0.02273	1.42181	20.68038
4259	0.46766	0.07521	0.02273	1.42181	17.59592
4269	0.45649	0.06905	0.02306	1.55872	32.68625
4270	0.45252	0.07062	0.02221	1.53008	27.76813
4287	0.44596	0.07343	0.01971	1.47235	19.30871
4288	0.43797	0.07175	0.02064	1.53067	24.80996
4329	0.45049	0.07957	0.01604	1.44517	9.307170
4349	0.48065	0.07590	0.02216	1.42113	25.52071
4350	0.47990	0.07435	0.02156	1.42176	22.51646
4351	0.48278	0.07723	0.02040	1.41974	21.61279

土壤类型	饱和湿度	残留水分	曲线参数		饱和导水率/（mm/h）
			alpha	*n*	
4364	0.47872	0.07529	0.01670	1.44088	22.53929
4391	0.42784	0.06439	0.01623	1.63524	23.91267
4427	0.45527	0.09041	0.01658	1.30853	4.629500
6998	0.46154	0.06817	0.01770	1.46884	23.60925

2. 土力学参数

根据四川省地质图，获取四川省的岩性分布，并依据岩石力学手册对不同岩性的力学参数（土体黏结力 c、内摩擦角 φ）进行赋值，利用重采样技术获取相应的网格数据。图 6-21 是四川省土体黏结力的分布图，图 6-22 是四川省内摩擦角分布图，且显示的数值表示的是内摩擦角的正切值。

本书采用 Van Genuchten 模型建立非饱和土基质吸力与土体含水量之间的关系，模型计算所用的土水特征曲线形状参数 *alpha* 和 *n* 根据四川省内的土壤类型分布，由 IGBP-DIS（international geosphere-biosphere programme，data and information system）的全球土壤数据产品（http：//www.dAac.ornl.gov）获取。

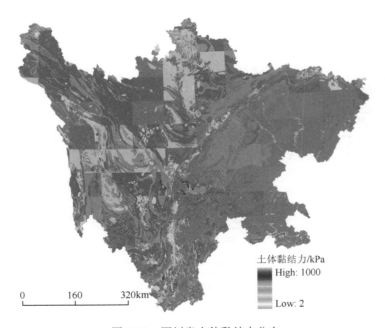

土体黏结力/kPa
High: 1000

Low: 2

0   160   320km

图 6-21　四川省土体黏结力分布

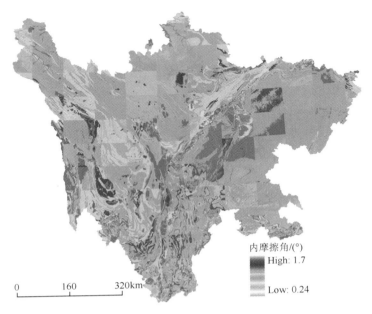

内摩擦角/(°)
High: 1.7
Low: 0.24

0　　160　　320km

图 6-22　四川省土体内摩擦角分布

三、系统应用

该系统于 2013 年 6 月在四川省气象台进行业务运行，业务运行以来系统运行良好，为四川省汛期的泥石流预报提供了有效的支撑。现以系统对 2013 年 7 月 9 日四川省泥石流灾害预报为例对该系统的运行效果进行介绍。2013 年 7 月 9 日四川省境内普降暴雨，此次降雨过程诱发了四川省境内大规模的泥石流灾害，尤其是地震灾区范围的汶川、绵竹、彭州等地，造成了严重的经济损失和人员伤亡。

（一）降水数据准备

在四川省气象局提供的 156 个气象站点的气象数据的基础上，根据各个气象站点的经纬度信息，分别对实测的降雨、温度、风速、日照时间和相对湿度进行空间差值，获取与 DEM 分辨率一致的网格数据，通过数值计算，为泥石流预报提供较为准确的土体含水量初值。

在四川省气象局提供的 2013 年 7 月 9 日的多普勒雷达预报降水的基础上，利用重采样技术获取与 DEM 分辨率一致的网格数据（图 6-23）。

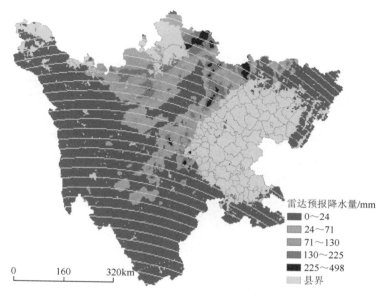

图 6-23　2013 年 7 月 9 日雷达降水分布图（24h 的累计降水）

（二）预报结果

模型预报了 2013 年 7 月 9 日四川省内各个小流域发生泥石流的概率，依据表 6-1 生成相应的预警等级颜色。本书从 24h 的预报结果中，分别选取了具有代表性的四个时间段的泥石流预报结果，分别是 2013 年 7 月 9 日的上午 3 点、6 点和下午的 15 点、18 点。图 6-24～图 6-27 分别显示了这四个时间段的泥石流预报结果，从各时段的泥石流预报结果可见：泥石流灾害预警等级较高，且需要发出泥石流灾害预警的区域，除凉山州有部分潜势泥石流流域外，其余主要集中在 2008 年 "5·12" 地震灾区内。

预报结果与各地上报的地质灾害点进行了对比（表 6-8），结果体现在以下几个方面。

（1）由于 2013 年 7 月 9 日上报的泥石流灾害点大部分没有相应的经纬度信息，图 6-24 中标记的泥石流灾害点均代表了灾害点所在的乡镇。由图 6-24 可知，利用基于水土耦合机制的泥石流预报模型成功预测出了 43 个乡镇点，共计 204 条泥石流沟，未报出的点有 24 个乡镇，共计 48 条泥石流沟，漏报率为 19.04%。

（2）在这些 24 个未预报成功的乡镇点当中，可分为三类点：①在对四川省进行潜势泥石流流域划分时，有 9 个点并未划分到泥石流流域之内，不在预报模型的计算范围，所以未成功预报；②对 2013 年 7 月 9 日雷达降水分析后，发现有 7 个点的 24h 累计预报降水量几乎为零，这是未成功预报的主要原因；③由预报模型精度的原因，漏报的点共有 8 个。这三类点已分别在图 6-24 中以不同的符号标记。

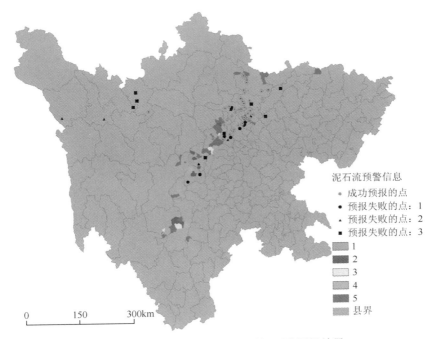

图 6-24 2013 年 7 月 9 日 03 时泥石流预报结果

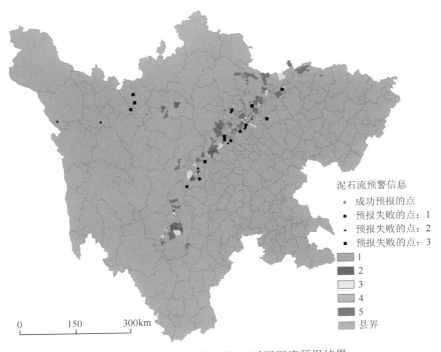

图 6-25 2013 年 7 月 9 日 06 时泥石流预报结果

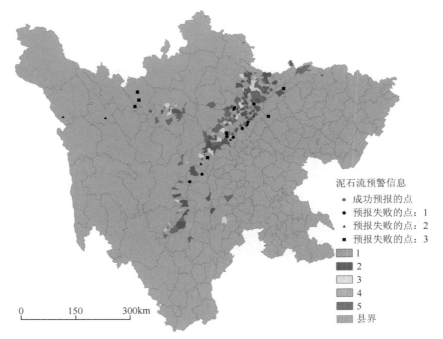

图 6-26 2013 年 7 月 9 日 15 时泥石流预报结果(后附彩图)

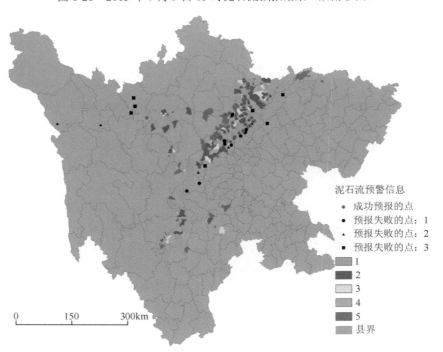

图 6-27 2013 年 7 月 9 日 18 时泥石流预报结果(后附彩图)

（3）根据预报结果，本次共有 265 个潜势泥石流流域发出了泥石流预警信息。其中，约有 81 个潜势泥石流流域发出的泥石流预警信息系误报，主要分布在四川省的南部、西北部和东北部，误报率为 23%（表 6-8）。

表 6-8　泥石流预报结果分析表

预报可能发生泥石流的流域数	实际发生泥石流的流域数	预报实际发生泥石流流域数	漏报泥石流流域数	误报泥石流流域数	漏报率/%	误报率/%
265	252	204	48	61	19	23

根据上述的分析，泥石流预报系统成功预测了 43 个乡镇点，共计 204 个泥石流沟，出于预报模型自身精度的原因而造成的漏报点是 8 个，共计 13 个泥石流沟，模型的预报精度达到 94%。基于流域水土耦合机制的泥石流预报模型在区域尺度上的应用较为成功，预报精度较高，且预报结果能够定位到县级尺度上的某条泥石流沟，这些均能为四川省当地政府和民众提供强有力的预报信息支持，更好地为泥石流预报服务。

参 考 文 献

陈宁生，黄蓉，李欢等. 2009. 汶川 5·12 地震次生泥石流沟应急判识方法与指标. 山地学报，27（1）：108-114.

陈晓清，崔鹏，韦方强. 2006. 泥石流起动原型试验及预报方法探索. 中国地质灾害与防治学报，17（4）：73-78.

何易平，崔鹏，李先华. 2000. 浅析泥石流堆积物的光谱特征——以蒋家沟泥石流堆积物为例. 灾害学，15（3）：12-17.

蒋忠信. 1994. 西南山区暴雨泥石流沟简易判别方案. 自然灾害学报，3（1）：75-83.

康志成，崔鹏，韦方强等. 2006. 中国科学院东川泥石流观测研究站观测实验资料集（1961~1984）. 北京：科学出版社.

康志成，崔鹏，韦方强等. 2007. 中国科学院东川泥石流观测研究站观测实验资料集（1995~2000）. 北京：科学出版社.

康志成，李焯芬，马蔼乃等. 2004. 中国泥石流研究. 北京：科学出版社.

吕儒仁. 1985. 泥石流沟判别因素分析. 山地研究，3（2）：121-127.

乔彦肖，邓素贞，张少. 2004. 冀西北地区泥石流发育的环境因素遥感研究. 中国地质灾害与防治学报，15（3）：106-110.

乔彦肖，赵志忠. 2001. 冲洪积扇与泥石流扇的遥感影像特征辨析. 地理学与国土研究，17（3）：35-38.

谭炳炎. 1986. 泥石流沟严重程度的数量化综合评判. 水土保持通报，6（1）：51-57.

唐邦兴，李宪文，吴积善等. 1994. 山洪泥石流滑坡灾害及防治. 北京：科学出版社.

王礼先，于志民. 2001. 山洪及泥石流灾害预报. 北京：中国林业出版社.

韦方强. 1994. 系统工程原理在泥石流研究中的应用. 北京：中国科学院研究生院硕士学位论文.

杨武年，濮国梁，Cauneau F 等. 2005. 长江三峡库区地质灾害遥感图像信息处理及其监测和评估. 地质学报，79（3）：423-430.

张军，熊刚. 1997. 云南蒋家沟泥石流运动观测资料集（1987~1994）. 北京：科学出版社.

中国科学院成都山地灾害与环境研究所. 1989. 泥石流研究与防治. 成都：四川科学技术出版社.

钟敦伦，谢洪，王士革等. 2004. 北京山区泥石流. 北京：商务印书馆.

朱静. 1995. 泥石流沟判别与危险度研究. 干旱区地理，18（3）：63-71.

庄建琦，裴来政，丁明涛等. 2009. 潜在泥石流的界定与判识——以金沙江流域溪洛渡库区为例. 灾害学，24（4）：1-9.

Aleotti P. 2004. A warning system for rainfall-induced shallow failures. Engineering Geology，73（3-4）：247-265.

Cheng Z L，Geng X Y，Dang C，et al. 2007. Modeling experiment of break of debris-flow dam. Wuhan University Journal of Natural Sciences，12（4）：588-894.

Cui P，Zhou G D，Zhu X H，et al. 2013. Scale amplification of natural debris flows caused by cascading landslide dam failures. Geomorphology，182：173-189.

Fredlund D G，Rahardjo H. 1993. Soil Mechanics for Unsaturated Soils. New York：A Wiley-Interscience Publication.

Fredlund D G，Vanapalli S K，Xing A，et al. 1995. Predicting the Shear Strength Function for Unsaturated Soils Using the Soil-water Characteristic Curve. Proc. 1st Int. Conf. on Unsaturated Soils，UNSAT，1：63-69.

Van Genuchten. 1980. A closed form equation for predicting the hy-draulic conductivity of unsaturated soils. Soil Science Society of America Journal，44：892-898.

Wei F Q，Gao K C，Hu K H，et al. 2008. Relationships between Debris Flows and Earth Surface Factors in Southwest China. Environmental Gedogy，55：619-627.

Yang D W，Herath S，Musiake K. 1997. Analysis of Geomorphologic properties extracted from DEM for hydrological modeling. Annual Journal of Hydraulic Engineering，JSCE，41：105-110

Yang D W，Herath S，Musiake K. 2002. A hillslope-based hydrological model using catchment area and width function. Hydrological Sciences Journal，47（1），231-243.

后　记

　　泥石流类型多样，激发水源多种，预报内容复杂，因此，泥石流预报是一项极其复杂和困难的工作，加之其理论基础薄弱，泥石流形成机理研究成果尚无法直接支撑泥石流预报，使泥石流预报研究仍处于探索阶段，研究深度有待进一步加深。本书虽然介绍了不同类型泥石流预报的理论基础，并根据泥石流预报气象基础和现有的技术条件建立了不同时空尺度的泥石流预报技术体系，但在泥石流预报方法方面仅重点介绍了基于泥石流成因的预报方法和基于泥石流形成机理的预报方法，并且这些预报方法都偏重于区域泥石流预报。在本书规划阶段，我们还计划有两章内容，一章是单沟泥石流预报，另一章是泥石流要素预报。虽然我们对这两部分内容也开展了大量的研究工作，但我们深感研究深度和应用验证工作离与读者见面尚有较大差距。最后我们忍痛割爱，把这两章去掉了，也使本书留下了缺憾，未能完整地介绍不同的泥石流预报类型和方法。如若今后在这两方面取得了较为理想的进展，希望能在本书的修订版中补充这些内容。

　　泥石流预报研究工作任重道远，政府和民众的需求强烈而且急迫。泥石流预报研究虽然领域狭窄，但却需要多学科交叉融合。真诚地希望广大专家学者能从不同的学科角度提供批评和建议，更希望不同学科的专家学者能够参与到泥石流预报研究中。

彩　图

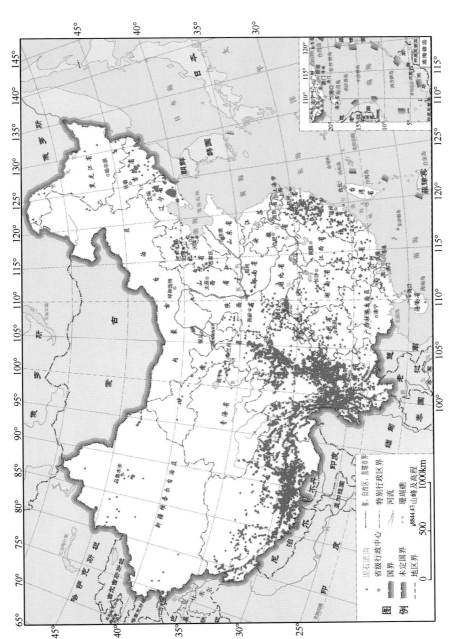

图 1-1　我国泥石流分布示意图布示意图

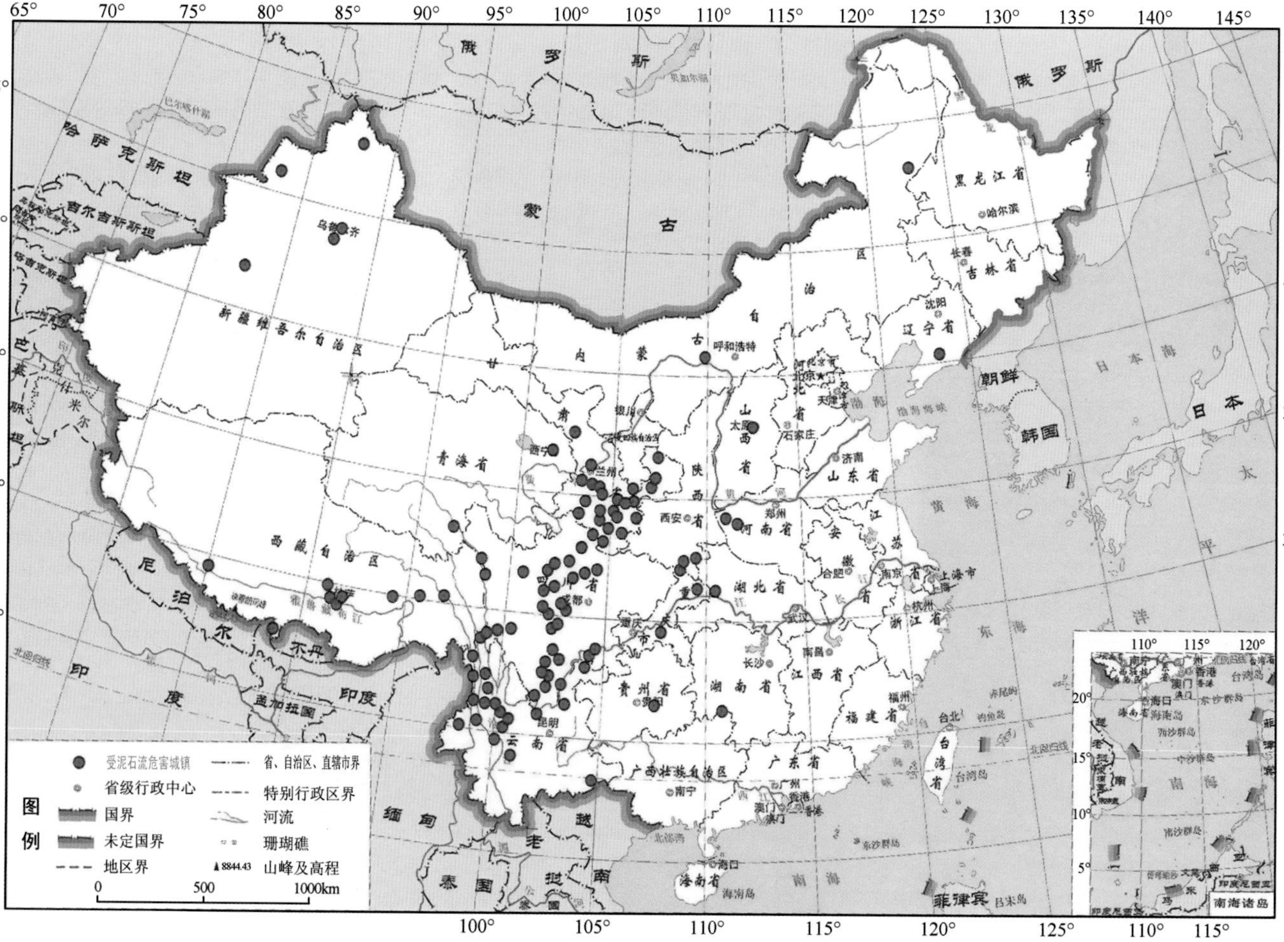

图 1-3 我国受泥石流危害的城镇分布图

图
例

受泥石流危害城镇
省级行政中心
省、自治区、直辖市界
特别行政区界
国界
未定国界
地区界
河流
珊瑚礁
山峰及高程
▲ 8844.43

0   500   1000km

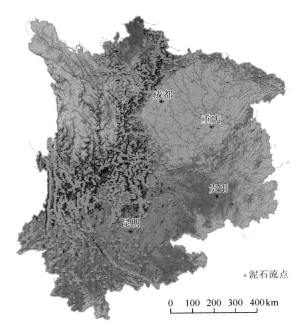

成都

重庆

贵阳

昆明

▲泥石流点

0   100 200 300 400km

图 3-12　中国西南地区地势图

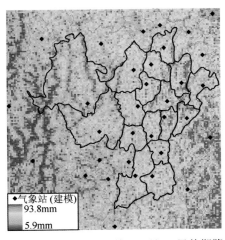

◆气象站 (建模)
93.8mm
5.9mm

图 4-12　泥石流预报单元 5 月 21 日前期降
水量推算值

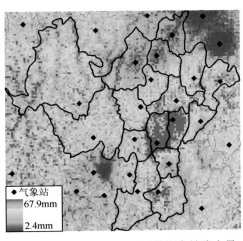

气象站
67.9mm
2.4mm

图 4-14　2007 年 5 月 21 日前期有效降水量

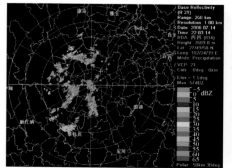

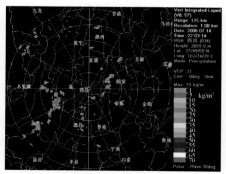

图 4-17　2006 年 7 月 14 日 22 点西昌多普勒
天气雷达 21#产品

图 4-18　2006 年 7 月 14 日 22 点西昌多普勒
天气雷达 57#产品

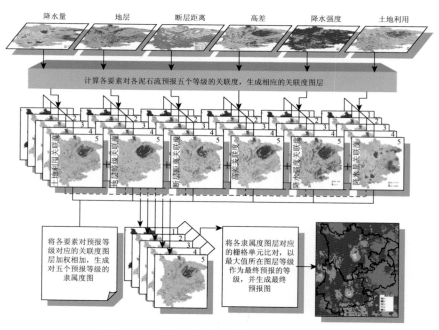

图 5-8　区域泥石流可拓预报模型的 GIS 实现

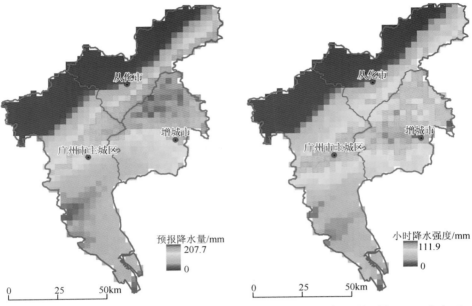

图 5-26 2010 年 5 月 7 日 5：00 未来 2h
降水量分布图

图 5-27 2010 年 5 月 7 日 5：00 未来 2h
最大小时降水强度分布图

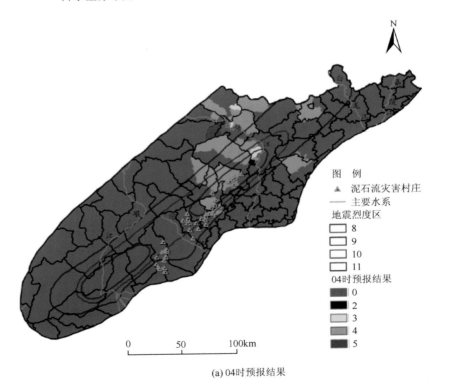

图 例

▲ 泥石流灾害村庄
—— 主要水系
地震烈度区
□ 8
□ 9
□ 10
□ 11
04时预报结果
□ 0
■ 2
□ 3
□ 4
■ 5

(a) 04时预报结果

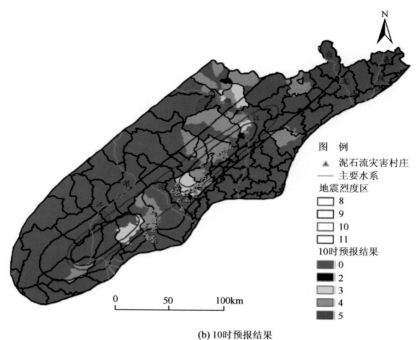

图 例
▲ 泥石流灾害村庄
—— 主要水系
地震烈度区
☐ 8
☐ 9
☐ 10
☐ 11
10时预报结果
■ 0
■ 2
■ 3
■ 4
■ 5

0   50   100km

(b) 10时预报结果

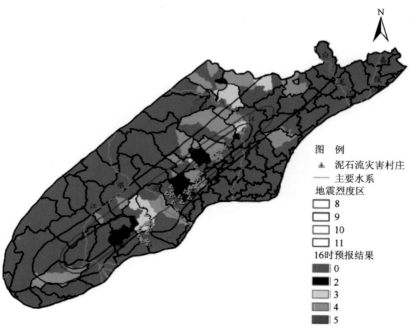

图 例
▲ 泥石流灾害村庄
—— 主要水系
地震烈度区
☐ 8
☐ 9
☐ 10
☐ 11
16时预报结果
■ 0
■ 2
■ 3
■ 4
■ 5

(c) 16时预报结果

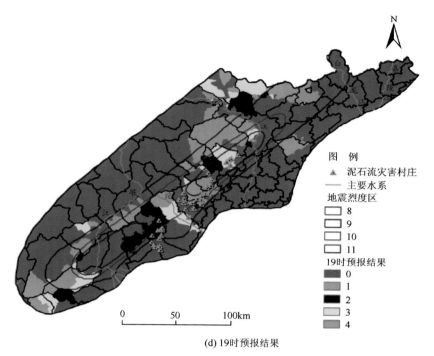

図 例
▲ 泥石流灾害村庄
—— 主要水系
地震烈度区
⬜ 8
⬜ 9
⬜ 10
⬜ 11
19时预报结果
⬛ 0
⬛ 1
⬛ 2
⬛ 3
⬛ 4

0   50   100km

(d) 19时预报结果

图 6-13   2010 年 8 月 13 日汶川县泥石流预报信息

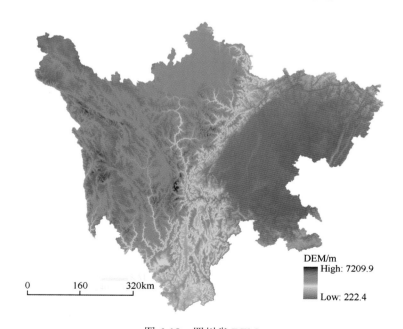

DEM/m
High: 7209.9
Low: 222.4

0   160   320km

图 6-18   四川省 DEM

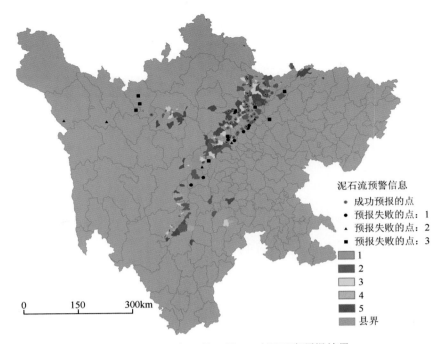

泥石流预警信息
● 成功预报的点
● 预报失败的点：1
▲ 预报失败的点：2
■ 预报失败的点：3
▨ 1
▨ 2
▨ 3
▨ 4
▨ 5
▨ 县界

0   150   300km

图 6-26　2013 年 7 月 9 日 15 时泥石流预报结果

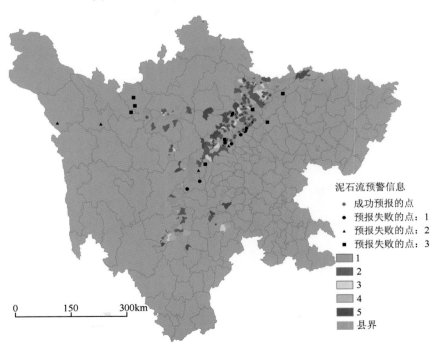

泥石流预警信息
● 成功预报的点
● 预报失败的点：1
▲ 预报失败的点：2
■ 预报失败的点：3
▨ 1
▨ 2
▨ 3
▨ 4
▨ 5
▨ 县界

0   150   300km

图 6-27　2013 年 7 月 9 日 18 时泥石流预报结果